HISTOIRE
NATURELLE

SIMPLES ÉLÉMENTS.

PAR L. MAURICE.

« L'histoire naturelle doit être présentée à l'esprit des jeunes gens précisément quand leur raison commence à se développer; et quand ils pourraient croire alors qu'ils savent beaucoup, une étude même légère de l'histoire naturelle élèvera leurs idées et leur donnera des connaissances d'une infinité de choses que beaucoup d'hommes ignorent, et qui se retrouvent souvent dans l'usage de la vie. » BUFFON.

A PARIS

CHEZ PHILIPPART, LIBRAIRE,
RUE DAUPHINE, 24,

ET CHEZ TOUS LES LIBRAIRES
DE LA FRANCE.

HISTOIRE

NATURELLE

INTRODUCTION.

On peut avec raison dire que l'histoire naturelle est le complément indispensable de la première éducation. En effet, nos besoins, nos plaisirs, nos intérêts, les principaux soins de la vie sont liés à l'appréciation relative de tout ce qui vit ou végète autour de l'homme.

Et puis, comment ne pas admirer dans ses détails le spectacle qui s'offre aux regards de l'intelligence, nous ne dirons pas seulement dans ces mondes parsemés sur nos têtes, mais dans cette immense variété d'animaux, de plantes, de minéraux, tous recevant la vie, la communiquant à tout ce qui se meut, se reproduit et meurt pour se reproduire de nouveau !

Buffon est, à vrai dire, le créateur de l'histoire naturelle en France. Puissamment secondé par Daubenton, Mertrud, Guéneau de Montbéliard, etc., il rassembla laborieusement les éléments épars d'une science tombée dans l'oubli, leur donna un corps, assigna une méthode, enfin posa les bases du monument scientifique continué par de dignes successeurs, et qui fait aujourd'hui la gloire de notre pays.

Bien des erreurs sans doute ont pu se glisser dans son œuvre ; le plan était immense, les matériaux incomplets, altérés quelquefois ; n'oublions pas que les récits des voyageurs sont loin d'être des documents authentiques, et que, faute de vérification possible, Buffon et son génie ont pu s'égarer bien innocemment dans ce nouveau Labyrinthe.

Quoi qu'il en soit, les pages que Buffon a écrites sur l'homme, sur les animaux, les plantes et les minéraux, captivent profondément l'attention par le fini des détails et la largeur de vues non moins que par les splendeurs et l'harmonie du langage.

Après lui Lacépède traça l'histoire des quadrupèdes ovipares, des serpents et des poissons; celle des oiseaux, commencée par Buffon, laissa une glorieuse carrière ouverte aux naturalistes modernes.

Enfin la science de l'histoire naturelle, dans son acception la plus étendue, s'est complétée par les travaux immortels de Cuvier, de Humboldt, de Geoffroy Saint-Hilaire, et de quelques autres esprits supérieurs. Guidés par de telles lumières, peut-être aurons-nous le bonheur de résumer nettement ce qu'on ne doit pas ignorer sur cette branche importante des connaissances humaines.

ZOOLOGIE.

Dans le système zoologique généralement adopté les animaux sont classés en quatre grandes séries, qui sont : 1° les *vertébrés*, comprenant les mammifères, les oiseaux, les reptiles et les poissons; 2° les *articulés*, qui se composent des insectes, des arachnides, des myriapodes; 3° les *mollusques*, comprenant six classes désignées par des noms particuliers; 4° les *rayonnés* ou *zoophytes*, qui renferment aussi plusieurs classes. Chacune des classes renferme à son tour un certain nombre d'ordres : il y a en tout dix-sept classes et soixante-dix-sept ordres.

Sans nous astreindre à un ordre rigoureusement méthodique, mais suivant à peu près l'ordre établi par les notions vulgaires, nous allons faire l'esquisse rapide des onze classes principales, savoir : les mammifères, les oiseaux, les reptiles, les poissons, les insectes, les arachnides, les myriapodes, les crustacés, les annélides, les mollusques et les zoophytes.

I.—Série des Vertébrés.

MAMMIFÈRES.

On a distingué dans l'espèce humaine plusieurs variétés ou *races*, dont voici les cinq principales : 1° La *race blanche* ou *caucasique*, qui comprend l'Europe, l'Egypte et l'Arabie.—2° La *race jaune* ou *mongolique*, qui peuple la Chine, le Japon, le royaume de Siam, la presqu'île de Malaca et la Nouvelle-Hollande.—3° La *race nègre* ou *éthiopienne*, qui se compose d'une grande partie de l'Afrique et des îles de l'Océan asiatique.—4° La *race hyperborécenne*, voisine du cercle polaire et comprenant les peuples du Labrador, ceux de la baie d'Hudson, les Esquimaux, les Samoïèdes, les Ostiaks, une partie de la

Russie et de la Norwège, etc.—5° La *race cuivrée* ou *américaine*, que l'invasion des civilisés refoule et réduit de jour en jour. Le Brésil et le Pérou, quelques contrées ignorées de l'Amérique septentrionale servent de refuge aux restes errants de ces peuplades indomptées.

La supériorité de l'homme sur les animaux se manifeste par la conformation de tout son être. Nul d'entre eux ne se tient comme lui, droit et élevé; la forme à peu près sphérique de sa tête est celle qui rappelle la plus pure des harmonies terrestres; c'est dans ses yeux que toutes les sensations de son âme viennent se réfléchir et donnent à son visage les mouvements divers, selon les passions qui les excitent. Et remarquons que dans la joie ces mouvements sont horizontaux; le propre de l'épanouissement de l'âme dans le bonheur est en effet de se dilater, de s'étendre comme une eau tranquille et riante sur la surface unie d'une plaine ou d'une vallée que le zéphyr caresse; dans le chagrin, au contraire, tous les mouvements s'inclinent selon les lois de la perpendiculaire; les bras tombent le long du corps; les regards s'abaissent vers la terre; le visage, qui commandait la confiance, l'amitié, l'attendrissement, n'inspire plus que la contrainte ou l'effroi.

La tête, pour ajouter encore à la correction de l'ensemble, est supportée par le cou, dont la forme est celle du cylindre, qui lui-même emprunte sa forme au cercle et au quadrilatère.

Buffon prétend que le nez, le trait le plus apparent du visage, n'a que *très-peu de mouvement*, et que, n'en prenant ordinairement que dans les plus fortes passions, il fait plus à la beauté qu'à la physionomie. Sans contredire absolument l'opinion de l'illustre écrivain, nous nous permettrons cependant une observation: il n'est pas rare dans l'ironie, le dédain, de voir les narines se renfler, se dilater, et les mouvements du front, de la bouche, former des sillons qui ajoutent à l'expression des traits; sans doute ces mouvements sont plus distincts dans *les fortes passions;* c'est l'opposition forcée des flots en courroux au calme qui succède. Nous avons remarqué parfois que chez quelques individus le nez, par une configuration insolite, semble ne se prêter à aucun des mouvements musculaires de la face ; rien n'est aussi plus disgracieux. Mais ces exceptions sont rares : dans les œuvres du Créateur tout concourt à une harmonie universelle, préétablie dans l'immensité de sa sagesse.

Cette harmonie n'est pas moins apparente dans les contrastes des diverses parties dont se compose le visage de l'homme : telle est celle du front dans son quadrilatère avec le triangle formé par les yeux et la bouche, et celle des oreilles, tout autrement figurées que les oreilles des animaux, qui ne devaient pas percevoir les articulations de la parole.

Les yeux, par une admirable précaution, sont garnis de paupières et de cils, qui tout à la fois les garantissent, empêchent la cornée[1] de se dessécher, et donnent au regard de la beauté et de la douceur.

Enfin, dernier symbole de sa supériorité, l'homme seul entre les animaux se soutient, se balance dans une position verticale, impossible aux quadrumanes, qui semblent ramper même en marchant. Cette attitude perpendiculaire est celle du commandement transmis par un simple geste du bras, des mains, qui n'ont point dû fouler la terre parce que ce frottement aurait altéré en eux le sens du toucher, si imparfait chez la plupart des animaux, si précieux et si exact chez l'homme, qui peut à l'aide du toucher se conduire dans l'obscurité ou juger de la grandeur des objets, de leur distance, que l'œil ne saurait déterminer avec certitude. A voir les singes de grande espèce, dont la structure a tant de conformité avec la nôtre, on pourrait croire qu'ils ont aussi la faculté d'occuper la position verticale ; cela néanmoins

[1] Membrane enchâssée dans l'ouverture antérieure de la sclérotique et formée de lames superposées. — La *sclérotique* donne attache aux tendons des muscles droits et obliques de l'œil et présente deux ouvertures, l'une antérieure, qui est occupée par la cornée, l'autre postérieure, qui donne passage au nerf optique et à l'artère ophthalmique.

n'est vrai qu'à moitié, et quand le singe se tient sur deux pieds il se sert d'un bâton sans lequel il ne pourrait garder longtemps l'équilibre.

En indiquant le haut rang qu'occupe l'homme dans la création, nous comprenons aussi la femme, faite à son image, et comme dit la Bible, « l'os de ses os, la chair de sa chair. » Seulement en donnant la force à l'homme, la Providence a donné à sa compagne la grâce, l'abandon, plus de mollesse dans les contours, dans la démarche, le maintien, enfin cette douceur, cette harmonie des lignes du visage d'où dérive ce qu'on appelle la beauté. Ainsi devait plaire aux yeux, parler au cœur, celle qui était destinée à la reproduction des êtres, à remplir les devoirs d'épouse et de mère, à partager les joies, les plaisirs de l'homme, à lui faire supporter et combattre, par ses douces paroles, les peines, les tourments attachés à la condition de la vie.

Nous ne nous étendrons pas davantage sur les divers degrés d'homogénéité qui existent entre deux êtres participant de la même nature. C'est de leurs identités que sortent toutes les harmonies, tous les contrastes, qui sont autant de canaux par où se vivifient tous les sentiments vrais.

Nous ne signalerons, dans l'ordre des singes, que quelques espèces, car leurs *dérivés* sont très-nombreux, et leurs variétés ont toujours un caractère extérieur qui les rattache au type primitif. Le plus semblable à l'homme, et celui par conséquent qui nous intéresse davantage, est l'orang-outang, qui dans la langue des Indiens signifie *homme sauvage*. Le pongo ou jocko est le même que l'orang-outang; c'est le plus intelligent de tous les singes. On en a vu se mettre à table, boire, manger, déployer leur serviette, reconduire les personnes avec une civilité tout *humaine*, et cela au signe ou à la parole de son maître. L'orang-outang se construit une sorte de cabane dans les bois; il marche assez bien à deux pieds, en s'appuyant sur une branche d'arbre. Il a le nez camard, le front trop court, le menton pas assez relevé à sa base; les oreilles trop grandes, les yeux par trop voisins l'un de l'autre, la distance du nez à la bouche amplement étendue. On voit que ce n'est pas là précisément le visage de l'homme.

Les singes, comme on sait, imitent exactement ce qu'ils voient faire. Suivant Buffon, dans cet acte il n'y a point *imitation*, il y a seulement *parité*. L'imitation est le produit de la pensée, et le singe, de l'opinion de tous les naturalistes, ne pense pas, quoique le cerveau chez lui ait les mêmes formes, les mêmes proportions que chez nous. Il en est de même des organes de la parole, et il ne parle pas. Quelle plus forte preuve qu'à l'homme seul a été donné ce souffle divin qui lui permet d'étendre, de communiquer ses idées; de les propager sur tout le globe par le secours de la parole!

Dans l'ordre des quadrumanes (on donne ce nom à tous les singes), on remarque le gibbon, dont le caractère particulier est d'avoir les bras aussi longs que le corps et les jambes pris ensemble, en sorte que, debout sur les pieds de derrière, ses mains touchent encore à terre, et qu'il peut marcher à quatre pieds sans que son corps se penche; quant au reste, il est singe comme ses pareils.

Le magot est de tous les singes celui qui s'accommode le mieux de notre climat. Cet animal est, avec le perroquet, le favori de nos petites maîtresses : il partage avec ce dernier les caresses et toutes les friandises dont ces deux privilégiés des dames sont avides; seulement il faut tenir le magot à la chaîne, car l'état de domesticité ne le civilise point, ou du moins rarement. Cependant il y en a de plus dociles, assez pour apprendre à danser en cadence, et à se laisser vêtir, coiffer; de plus très-gais et très-obéissants. Le magot a environ deux pieds et demi en hauteur lorsqu'il se tient debout; il marche plus volontiers à quatre pieds qu'à deux. La femelle est plus petite que le mâle.

De tous les singes celui qui ressemble le plus au magot, c'est le pithèque, quoiqu'il y ait cependant quelques différences de conformation et de *caractère :* d'abord pour les dents, qui chez ce dernier sont courtes et assez semblables à celles des hommes, tandis que chez le magot elles sont allongées en crocs comme les dents des chiens. Celui-ci devient plus familier en raison de sa douceur naturelle ; debout, il peut avoir deux pieds cinq pouces ; le front est court, les yeux sont enfoncés, l'os frontal saillant, son nez aplati ; toute la face est de couleur pâle ; l'oreille grande, ronde, large en bas, mince et sans rebord.

Les singes ont en général des *bajoues* dont ils se servent comme de *garde-manger* quand ils sont repus. On considère communément la guenon comme la femelle du singe, mais il y a des mâles et femelles de ce premier nom. Ces espèces se distinguent par une queue aussi longue que le corps.

« S'il est vrai, dit M. Geoffroy Saint-Hilaire, que tous les êtres de la nature sont dignes de l'attention et de l'étude du naturaliste.... on doit également convenir que l'homme a surtout besoin de connaître ceux avec lesquels il *se trouve le plus fréquemment en rapport :* ceux qui lui sont utiles, pour les rechercher; ceux qui lui sont dangereux, pour les éviter ; ceux qui lui sont nuisibles, pour les détruire. » (Article *Mammalogie* du Dictionnaire d'histoire naturelle.)

Les animaux avec lesquels l'homme se trouve le plus souvent en rapport sont sans contredit les mammifères, dont l'organisation est si analogue à la sienne; il suffit de citer en preuve le cheval, le bœuf, le mouton, le porc, la chèvre, etc., etc., et dans d'autres contrées, l'éléphant, le chameau, l'yak [1], etc., etc.

Nous commencerons cette nomenclature par le chien, ce véritable et trop souvent ce seul ami de l'homme, celui qui prend au besoin sa défense, en qui le pauvre se confie, et qui ne croit pas même en être séparé par la tombe.

[1] Taureau de Tartarie.

Dans la race canine, on distingue plusieurs espèces, profondément séparées par la forme comme par le caractère. Celle qu'on nomme *chien de berger* n'est pas, comme on l'a prétendu, la souche de toutes les autres races; les types diffèrent essentiellement avec les contrées qu'ils habitent.

Le mâtin et le dogue, tous deux chiens de garde et de défense, le barbet et le caniche, le levrier, le chien courant, le terre-neuve, ont tous des mœurs propres, des instincts particuliers qui les séparent, aussi bien que la variété des conformations les distingue.

Il y a un siècle ou deux, la mode en France avait propagé du salon jusqu'à la mansarde une petite espèce de dogue qui, depuis quarante ans, semble s'être anéantie : c'était le *carlin*, originaire de la Dalmatie.

L'Angleterre à son tour défraye aujourd'hui les caprices du *grand monde* avec une sorte de basset épagneul, sans grâce, sans fidélité, sans intelligence, et qu'on nomme *King's-Charles* (du roi Charles).—On vante beaucoup au contraire la finesse et la supériorité de certaines races de chasse que fournissent l'Ecosse et l'Irlande.

Mais, pour les services rendus à l'humanité, il n'est aucune espèce qui dispute la palme au chien des Alpes, ce digne compagnon des Hospitaliers du Mont-Saint-Bernard.

On ferait tout un livre en racontant seulement quelques exemples des services que l'homme a reçus du chien. Qui n'a pas été cent fois témoin de sa joie en revoyant son maître, de sa sagacité pour retrouver ses traces, pour distinguer ses amis de ses ennemis, de sa sobriété, de sa constance et de son courage? Il n'est pas même jusqu'au degré de perfectionnement que ses organes acquièrent par l'éducation qui n'atteste combien la nature a laissé loin de lui les autres animaux!

Le chien appartient à la famille des carnassiers; il a quarante-deux dents, douze incisives, quatre canines et vingt-six molaires. Sa vie ne se prolonge pas au delà de douze à quinze ans.

Le second ami de l'homme, c'est à coup sûr le cheval, dont Buffon fait avec raison un si magnifique portrait : mais s'il change de maitre sans regret apparent, au moins, comme le chien, il meurt «pour mieux obéir» à celui qui le guide, et cette docile résignation, dont il n'attend aucune récompense, a ce caractère d'héroïsme auquel n'atteint pas toujours l'*humanité*, qui espère le prix de ses sacrifices par delà les espaces terrestres.

Le cheval est le plus élégant et le mieux proportionné de tous les animaux; par l'élévation de sa tête il semble vouloir se mettre au-dessus des quadrupèdes ses semblables ; dans cette noble attitude, il regarde l'homme face à face, et alors il semble *penser*.

Au premier rang dans les variétés de l'espèce, immédiatement après le type du genre, qui est le coursier arabe, on place le cheval andalou. Pour n'avoir pas à faire la satire d'un luxe et d'un usage préjudiciables, nous ne parlerons pas des chevaux de course anglais; mais nous ne saurions omettre cette race intelligente, infatigable, qui, née sous les glaces de la Sibérie et malgré l'infériorité de ses proportions, dispute pourtant d'ardeur et de vitesse avec les chevaux de nos meilleurs climats.

La conformation du cheval pour la locomotion consiste dans un seul doigt à tous les pieds, renfermé dans un sabot. Il a quarante-deux dents, douze incisives, quatre canines, vingt-six molaires. Il vit vingt-cinq à trente ans.

Dans cet ordre de solipèdes [1] doivent être rangés l'âne et le zèbre.

[1] *Solipède*, qui n'a qu'*une* corne à chaque pied. Le mulet est aussi un solipède. Cet animal est dans l'ordre des animaux ce qu'on appelle *monstre* ou *hybride*, parce qu'il provient du croisement d'une espèce avec une autre espèce du même genre, comme le mulet proprement dit, c'est-à-dire né du cheval et de l'âne. Ainsi l'homme est parvenu, pour son utilité, à réaliser les miracles de la création; mais la nature se venge en quelque sorte de cette usurpation de sa puissance, car les *monstres* entre eux ne se reproduisent pas ; le mulet est infécond.

Un des animaux les plus utiles par sa patience, sa sobriété, le peu de soins qu'il exige, c'est l'âne : aussi Buffon le venge-t-il de l'injuste mépris auquel il est en butte. « Pourquoi, dit-il, le rendre le jouet, le plastron, le bardeau des rustres qui le frappent, le surchargent, l'excèdent sans précautions, sans ménagement? On ne fait pas attention que l'âne serait par lui-même, et pour nous, le premier, le plus beau, le mieux fait, le plus distingué des animaux, si dans le monde il n'y avait point de cheval. » Mais Buffon a prêché des sourds; l'âne sera toujours parmi les hommes le type par excellence de l'imbécillité, de l'entêtement, et sous ce rapport constamment maltraité par de plus rustres que lui. La durée de la vie de l'âne est égale à celle du cheval.

Parmi les animaux utiles il faut encore ranger le bœuf, le taureau (ce dernier pour la propagation), la vache, le bélier, la chèvre, la brebis. Ils sont classés dans l'ordre des *ruminants*, ainsi appelés parce qu'ils ont la propriété de mâcher une seconde fois les aliments qu'ils ramènent dans la bouche après une première déglutition; aussi leur estomac est-il pour cette fonction doué d'une faculté de distension énorme et divisé en quatre parties.

La grosseur du cou et la largeur de ses épaules indiquent assez que la nature a destiné le bœuf au labour; dans quelques pays on l'attèle par les cornes, mais il tire bien moins que de l'autre manière. Cet animal est tout à la fois la ressource du pauvre et du riche, la richesse de l'agriculteur; sans lui la terre resterait inféconde. La vache rend presque autant de services que le bœuf, et son lait est une douce boisson qui convient à tous les âges. Les brebis donnent également un lait nourrissant. Elles sont d'une ressource précieuse pour les besoins de l'homme, non moins que le mouton; le suif, les peaux, la laine, sont dus à ces animaux, dont la timidité semble à chaque instant implorer la protection de l'homme.

Les béliers n'ont rien de plus remarquable que les

animaux que nous venons de citer, si ce n'est que les cornes dont ils sont pourvus sont contournées de manière à ne point blesser lorsqu'ils frappent ni se blesser entre eux.

On retrouve les mêmes avantages dans la chèvre que dans la brebis, avec plus de vivacité dans les allures, marquées par des sauts capricieux, vagabonds, qui rendent si difficile à conduire un troupeau de ces animaux. Son lait, non moins que celui de la vache, vient puissamment en aide aux enfants privés du breuvage maternel par quelque circonstance que ce soit. La chèvre se familiarise aisément. Il est rare qu'elle fasse plus d'un chevreau. Son mâle, le bouc, passé cinq ans, est mis à l'engrais, mais sa chair ne vaut jamais celle du mouton, bien que l'odeur forte de sa peau ne se communique pas à sa chair.

Les animaux de même espèce que le bouc, etc., sont le bouquetin, la chèvre dite de Cachemire, d'où l'on tire les beaux châles fabriqués avec le duvet des chèvres du Thibet; l'antilope, le chamois, la corinne, la gazelle, etc. Tous ces ruminants ont les cornes creuses.

L'animal le plus brut, c'est à coup sûr le cochon. Ses habitudes, ses goûts sont grossiers, et cependant de cet animal, que repoussent les yeux et l'odorat, la nature a fait pour l'homme un aliment *complet*. On sait que rien n'est perdu dans le porc; ses poils mêmes, si rudes au toucher, ont trouvé leur emploi dans nos brosses, etc. La fécondité de sa femelle atteste la prévoyance de la nature. Elle ne pouvait trop multiplier l'espèce; aussi trouve-t-on les pourceaux en abondance dans toutes les parties du monde, excepté chez les Turcs, auxquels la loi de Mahomet défend l'usage de leur chair. On sait que les Juifs la regardent comme immonde.

En terminant la liste des quadrupèdes domestiques, le dernier nom qui se présente est le chat, ce *domestique infidèle* que la loi des contraires a pu seule introduire au logis. L'éducation, les bons traitements, sa friandise quelquefois satisfaite, lui donnent toutes les apparences d'un véritable attachement; comme son commensal il salue le retour du maître ou de la maîtresse par le frottement de sa tête, les ondulations de sa queue, le gloussement de son gosier. Egoïsme que tout cela! le chat est gourmand, paresseux et voleur. En lui tout est calculé, personnel; c'est pour lui-même, pour les caresses qui le délectent, qu'il provoque l'attouchement d'une main amie sous laquelle il se roule, s'étend, se replie comme le serpent en faisant éprouver à cette main tout ce que le frissonnement du toucher a de plus moelleux, de plus sensuel.

Le chat a trente dents, douze incisives, quatre canines et quatorze molaires. Sa tête est ronde, sa langue hérissée de papilles; les oreilles pointues; pieds postérieurs ayant quatre *doigts*, cinq aux antérieurs et armés d'ongles crochus et rétractiles. Il est du genre carnassier. Dans son espèce on compte le chat-lion, le chat-tigre, etc.; à cette espèce appartiennent encore le léopard, le lion, le tigre, le lynx, etc.

Il est assez étrange que l'animal le plus doux, le plus tranquille, un de ceux qui se familiarisent le mieux, ait été choisi pour représenter le grand art de se tuer chez les humains, pour en imiter les ruses, les piéges, la barbarie. Encore si au cerf une fois forcé on faisait grâce de la vie, on concevrait ce plaisir de pardonner à un vaincu, à un suppliant, des yeux duquel s'échappent les larmes à l'approche de la mort! mais non, il faut qu'il serve de pâture aux chiens; l'on ne réserve pour les vainqueurs que la tête, car sa chair n'a rien de savoureux, à moins qu'on ne l'ait privé des moyens de se reproduire. On tue donc pour le plaisir de tuer!.....

Le cerf est rangé dans les ruminants à cornes pleines; il a le corps svelte, les jambes minces, des larmiers sous les yeux, la queue très-courte. Son bois tombe chaque année. Ses petits se nomment faons pendant un an; daguets la seconde année; cerfs à leur première tête pendant la troisième ; cerfs à leur seconde et à leur troisième tête pendant la quatrième et la cinquième ; cerfs à dix cors jeunement pendant la sixième ; cerfs à dix cors pendant la septième; grands cerfs à huit ans, et grands vieux cerfs à neuf. Les branches du bois du cerf s'appellent andouillers ; sa couleur est roussâtre, quelquefois brune, il vit trente-cinq à quarante ans. Il a trente-deux dents, huit incisives et vingt-quatre molaires. La biche est sa femelle et ne porte point de bois; les animaux qui ont avec le cerf le plus de rapports sont le renne, le *cheval* des habitants des plus froides contrées du nord, qui se nourrissent de sa chair et de son lait; l'élan et le chevreuil: ce dernier et le daim sont de l'espèce du cerf, mais on les voit rarement en compagnie de celui-ci ; la femelle du chevreuil se nomme chevrette.

Le lièvre, animal rongeur, est pour les désœuvrés qui le chassent une affaire d'exercice plutôt que de sensualité. Quand on réfléchit à la prodigieuse fécondité du lièvre,et du lapin, son annexe en quelque sorte, ces deux maraudeurs des campagnes, on comprend que leur destruction soit nécessaire pour que le sol ne soit pas bientôt envahi.

Le lièvre a vingt-huit dents, quatre incisives supérieures sur deux rangs. Les jambes de devant sont beaucoup plus courtes que celles de derrière ; voilà pourquoi il court plus facilement en montant qu'en descendant, avec toutes les allures du galop et des sauts très-vifs, très-pressés ; leurs pieds sont couverts de poils dessus et dessous, ils en ont même au dedans de la bouche ; leurs oreilles sont très-allongées, la queue est courte et relevée.

Cet animal, dont la nature craintive est passée en proverbe, ne sort en effet, ne s'accouple que la nuit, et fuit au bruit même de la feuille qui tombe; il vit sept à huit ans au plus... quand par miracle il échappe au fusil, aux chiens, aux loups et aux renards, tous agents conjurés contre lui.

Le lapin, fort ressemblant au lièvre, et de la classe également des rongeurs, ne fait pas société avec lui : ils refusent même de s'accoupler ensemble. Dans l'état sauvage, le lapin creuse des terriers si profonds que les loups ne peuvent l'y atteindre; plus avisé en cela que le lièvre, dont le gîte est à fleur de terre. Sa fécondité est plus grande que celle du lièvre. Les lapins clapiers ou domestiques coûtent peu à nourrir; il y en a de blancs, plus souvent de gris, et peu de noirs. On les nourrit d'herbes, de racines, de grains, de fruits, de légumes; ils rongent aussi les arbres; il y a, de même que parmi les chats, des lapins *angoras*. L'allure commune des lapins, vu la conformation de leurs pieds, est une espèce de saut qui n'est pas sans grâce; ils vivent huit à neuf ans.

Le sanglier n'est qu'un porc sauvage; on le chasse parce qu'il dévaste. Quand il est jeune, sa chair, et celle des marcassins, est aussi délicate que celle du porc domestique; chez les vieux, au contraire, on ne mange que la hure. La femelle du sanglier se nomme *laie*; la *truie* est la femelle du cochon.

Le buffle est une variété du bœuf: sa différence avec lui consiste en l'absence du mufle, puis en ce que ses cornes très-élargies, unies à leur base, s'appliquent sur les côtés de la tête, et se relèvent brusquement en arrière et de côté.

Une autre variété de cette espèce est le buffle musqué, le bison, bœuf à bosse de l'Amérique. Les anciens ne connaissaient pas le buffle.

Le plus ou moins d'idées que peuvent combiner les animaux est le faisceau composé de quelques brins chez les uns, plus nombreux chez les autres, et d'où dérive la réflexion. Peut-être faudrait-il créer un mot pour définir plus largement ce que d'habitude on nomme *instinct* dans la race canine; l'accomplissement de certains actes, de certaines fonctions, semble attester en elle la présence d'une faculté intuitive qui n'est pas le raisonnement sans doute, mais une opération médiane entre l'intel-

2

lect et la machine. Dans cette échelle des êtres *à cerveau* nous placerons au même rang le chien, le cheval, le castor et l'éléphant, ce monstrueux bloc de matière dont les actes semblent résulter toujours de combinaisons réfléchies.

Que de prodiges ne raconte-t-on pas de sa sagacité! S'il ne pardonne pas les injures, les moqueries, les mauvais traitements, combien en revanche se montre-t-il reconnaissant des bienfaits, attaché à son gardien jusqu'à mourir de chagrin de ne plus le voir! Fut-il jamais serviteur plus fidèle, plus docile? Un signe, un mot de son maître suffisent pour qu'il comprenne et exécute posément ce qui lui est ordonné. En lui, tout est calme, grave, calculé; on dirait que, réglées par le poids de son corps, ses fonctions cérébrales ne peuvent s'accomplir qu'avec lenteur, mais avec certitude. Et remarquons que sa douceur, la placidité de son caractère égalent la puissance de ses muscles. Jamais à l'état sauvage on ne le voit attaquer ou les hommes ou les animaux.

L'éléphant vit de racines, d'herbes, de feuilles, de bois tendre, de fruits et de grains. Dans la domesticité, l'homme lui a donné le goût des liqueurs fortes, pour lesquelles il montre beaucoup d'avidité. Nous avons aussi porté ce goût chez les sauvages, et Dieu sait ce qu'il en est résulté! Mais chez l'éléphant ce goût tourne à l'utilité de ses maîtres : il suffit de lui montrer un vase rempli de vin, d'eau-de-vie, etc., comme récompense d'une corvée où sa force est indispensable, pour qu'il s'y soumette avec une docilité sans exemple.

Cette force est en effet prodigieuse : elle peut déraciner les plus gros arbres, renverser des huttes, les plus épaisses clôtures, transporter au loin les fardeaux les plus lourds. Ajoutons à cela que plus endurci à la marche que les chevaux et beaucoup d'autres quadrupèdes, il peut faire avec d'énormes charges vingt et trente lieues par jour.

La main de l'homme, dont nous avons vanté la préexcellence comparée à ce qui en tient lieu chez l'animal, a trouvé presque une rivale dans la trompe de l'éléphant :

il la fléchit, la raccourcit, l'allonge, la courbe à volonté en tout sens, et peut, par le moyen d'un rebord placé à l'extrémité, et qui s'allonge par-dessus en forme de doigt, ramasser à terre les objets qui ont le moins de relief, dénouer les cordes, ouvrir et fermer les portes, pousser les verrous, etc., etc., etc. En outre, au milieu de cette espèce de doigt est une concavité au fond de laquelle sont deux orifices communs à l'odorat et à la respiration. C'est ce qui a fait dire que l'éléphant a le nez dans la main, et qu'il peut ainsi joindre ensemble l'action des poumons et des doigts.

Tout paraît singulier, bizarre même dans la conformation de ce quadrupède, et cependant il n'est aucun de ses organes qui ne le serve aussi bien et peut-être mieux que ceux des autres espèces. Il n'est pas beau sans doute, et paraît informe ; mais si son œil est petit, il est des plus spirituels ; lorsque son maître le commande, il le tourne vers lui avec une bienveillance, une attention marquée ; son air de gravité annonce qu'il *compare* pour mieux comprendre, et la lenteur d'exécution annonce chez lui l'envie de bien faire, de ne pas obliger à répéter ce qu'on lui prescrit. Ses oreilles si grandes, si disgracieuses, sont un chasse-mouches fort utile dans les climats chauds où il naît. Quoique vivant de végétaux, il ne rumine pas. Le sentiment de pudeur inné dans notre espèce est particulier à l'éléphant mâle et femelle ; ils ne s'accouplent qu'à l'abri de tous les regards, et seulement dans l'état sauvage.

Comme le chameau, il apprend à fléchir les genoux pour se laisser charger. Du reste, il court, marche, nage avec autant de vélocité, de facilité que la plupart des quadrupèdes. On a cru longtemps que les petits éléphants tettaient par la trompe, mais on s'est convaincu plus tard que c'était par la gueule comme les autres animaux.

Les défenses de l'éléphant sont de très-longues dents saillantes, et dirigées obliquement en bas, en avant et en dehors, et recourbées en haut. On sait que l'ivoire est leur produit. Leur force est telle que l'animal perce avec elles le lion et le tigre, les seuls qui osent s'attaquer à lui, car le rhinocéros, quoi qu'en aient dit les anciens, vit en paix avec l'éléphant. La peau de ce dernier est rugueuse, c'est-à-dire couverte de rides semblables à l'écorce d'un vieux chêne. L'épiderme est sujet à s'épaissir, et cet épaississement amène, avec le temps, l'*éléphantiasis*, maladie à laquelle l'homme est sujet, et que les Indiens combattent chez l'animal par des frictions d'huile et des bains fréquents.

Les plus gros éléphants se trouvent en Asie; ils ont communément quatorze pieds de hauteur, et plus de vingt-cinq de longueur; les plus petits, ceux d'Afrique, n'en ont que dix à onze; ceux qu'on amène en Europe n'atteignent qu'à sept ou huit pieds, tant le climat influe sur leur développement. C'est par la même cause que dans les contrées d'où il vient sa vie se prolonge jusqu'à deux cents ans, tandis que chez nous elle ne passe par cent vingt ans. Il y a dans les Indes des éléphants blancs auxquels la superstition rend les mêmes honneurs qu'aux idoles.

Autant l'éléphant a de pénétration, de sagacité, de bonté native, autant le rhinocéros est stupide, intraitable et sujet à s'irriter souvent. Ce qui le différencie des autres animaux, c'est la corne qu'il porte sur le nez, arme offensive et défensive très-redoutable au tigre, sans compter la peau du rhinocéros que ne peuvent entamer ni la griffe du tigre, ni l'ongle du lion, ni le fer ou le feu du chasseur, à l'exception du ventre, des yeux et du tour des oreilles. Il y a des rhinocéros qui portent sur le nez deux cornes au lieu d'une. Cette corne a de quatre à cinq pieds de longueur; elle se recourbe en arrière à quelque distance au-dessus de son extrémité inférieure; cette courbure subsiste jusqu'à l'extrémité supérieure dans la plupart de ces cornes, mais la plus grande de celles que nous avons vues a l'extrémité supérieure recourbée en avant. Leur substance est la même que celle des cornes du taureau, du bélier, du bouc, etc.

L'hippopotame, cheval marin ou de rivière (comme

l'indique son nom, tiré de deux mots grecs) et par conséquent amphibie, a le corps plus long et aussi gros que celui du rhinocéros. Ce que l'on estime le plus en lui ce sont ses dents, surtout les canines, dont la substance, si nette et si dure, est employée de préférence par nos dentistes pour les râteliers.

Ces canines chez l'hippopotame sont aussi redoutables que les défenses du sanglier; une seule dent molaire pèse plus de trois livres, et les plus grandes douze ou treize livres chacune.

Ainsi armé, et alors très à craindre, l'hippopotame est loin d'employer sa force à nuire aux autres animaux [1]. Il se plaît dans l'eau, s'y tient au fond et y marche comme en pleine campagne; quand il vient à terre, c'est pour manger des cannes à sucre, des joncs, du millet, du riz, etc., etc. Au moindre danger, il plonge et ne reparaît que très-loin de l'endroit où il s'est jeté. Est-il blessé, sa vigueur est telle qu'il peut renverser une barque montée de six hommes. On tire de sa peau une huile et un lard estimé, que l'on vend fort cher au Cap. Le crocodile n'ose l'attaquer; c'est à grand'peine si les balles et les flèches peuvent entamer sa peau, aussi est-il très-difficile à tuer. Sa femelle fait et allaite son petit à terre, et lui apprend à se réfugier dans l'eau au moindre bruit.

S'il fut jamais un animal approprié par la Providence au sol qui le voit naître, c'est à coup sûr le chameau, souche de deux races distinctes : le chameau proprement dit, à deux bosses, et le dromadaire qui n'en a qu'une. Cet animal, qu'avec raison les Arabes appellent *le Vaisseau du désert*, et destiné à traverser des contrées brûlantes où l'on ne trouve ni végétation ni eau, peut rester huit à neuf jours sans boire et ne mangeant qu'à peine. Véritable bête de somme, dès qu'on le juge capable de porter quelque fardeau, on le laisse souvent chargé même pendant les moments de repos; sa vélocité

[1] On dit cependant qu'il combat le crocodile, et qu'il en est souvent vainqueur.

est supérieure à celle du cheval; il peut faire quarante lieues par jour. De la famille des ruminants, sa nourriture n'est point difficile : des plantes, des herbes, des chardons, des orties, suffisent à son appétit. On explique sa patience à souffrir la soif par une prévoyante singularité de sa conformation, c'est qu'indépendamment des quatre estomacs qu'il possède comme tous les ruminants, il a une cinquième poche qui lui sert de réservoir pour conserver le liquide dont il a soin de se prémunir en assez grande quantité quand il approche de l'eau, qu'il sent à une demi-lieue, ce qui lui fait alors doubler le pas; se sent-il par trop altéré, il fait remonter jusqu'au gosier une partie de cette eau par une simple contraction des muscles. Le chameau porte ordinairement mille à douze cents pesant, et périt souvent sous l'excès de la charge, car, malgré les services qu'il rend, il ne trouve pas au pays qu'il habite plus de pitié qu'il n'y en a chez nous pour les autres bêtes de somme.

La chair, le lait du chameau servent d'aliments aux Arabes, et sa peau les habille; son poil est plus recherché que la plus belle laine; le sel ammoniac se fait de son urine; sa fiente desséchée fait une excellente litière, et de cette même fiente on fait des mottes qui donnent une flamme aussi vive que le bois. La femelle du chameau porte un an et n'a qu'un petit.

Le lama, la vigogne et l'alpaca appartiennent au genre chameau; comme cet animal ils servent de bètes de somme au Pérou, dont ils sont originaires. On fait un grand commerce de leur laine dans les deux mondes.

La girafe peut être appelée le géant des animaux, car elle mesure dix-huit pieds de hauteur, comme on a pu s'en convaincre par celle que l'on a vue à Paris il y a quelque vingt ans, et qui nous venait de Sennaar, en Nubie; elle est de l'espèce des ruminants, et tient à la fois du chameau et du léopard : du chameau par la forme de sa tête, par la longueur de son cou; du léopard par sa robe et les taches rhomboïdales semées aussi régulièrement; elle a sur la tête deux cornes d'un pied de long, droites et grosses comme le bras : les jambes de devant sont plus longues que les postérieures, ce qui lui donne une position inclinée dans son pas, qui est l'amble. Ses yeux sont grands et son regard très-doux ; sa taille gigantesque lui permet d'atteindre aux feuilles et aux fruits des arbres, qui sont sa nourriture; elle est obligée de s'agenouiller pour boire ou paître l'herbe. Buffon dit que sans être nuisible, cet animal, du reste fort beau à regarder, est un des plus inutiles. Cependant les Hottentots se nourrissent de la chair des jeunes girafes et sont surtout très-friands de la moelle contenue dans leurs os; leur peau, fort épaisse, leur sert de vases pour conserver l'eau. Les femelles sont moins grandes que les mâles et ne portent qu'un petit.

On a tant vanté jusqu'ici la générosité du lion, on a tant répété que, s'il n'est pressé par la faim ou la colère, ce puissant animal n'attente à la vie de personne, que nous admettrons volontiers sa mansuétude et même ses instincts reconnaissants. Seulement on nous permettra de croire que l'appétit lui revient très-souvent et qu'on n'est jamais sûr de ne l'avoir pas irrité.

Sans être habituellement aussi fière, aussi hardie que le lion, la lionne, quand elle a sa portée à défendre, devient intrépide, folle, furieuse, se jette aveuglément sur les hommes ou les animaux qu'elle rencontre, et ne lâche prise qu'en recevant la mort.

On trouve des lions en Asie, en Afrique et même en Amérique; mais ceux de cette dernière contrée sont moins forts, moins terribles que ceux qui sont nés sous des climats brûlants. Les seuls animaux qui puissent lutter avec lui sont l'éléphant, le tigre, le rhinocéros et l'hippopotame. L'extérieur du lion répond à ses qualités; sa figure est imposante, son regard assuré, sa démarche noble, sa voix terrible ; sa force musculaire se décèle par des bonds prodigieux; le seul mouvement de sa queue peut terrasser un homme. La lionne n'a point de crinière comme le mâle, ce qui la ferait paraître plus petite si elle ne l'était en effet.

Les naturalistes font des classes à part des tigres, des léopards, des panthères, de l'once et du jaguar; mais, pour les voyageurs en général tous ces animaux sont *tigres* par la peau, communément tachetée, par la taille et par les mœurs sanguinaires. Déchirant hommes et animaux sans besoin, sans choix, pour le plaisir de satisfaire une férocité naturelle, telles sont les races envers lesquelles la destruction est de droit humain. Cependant l'once, qui semble appartenir à leur famille, s'apprivoise assez facilement; on le dresse à la chasse des autres animaux.

Parmi les bêtes aux instincts féroces il faut encore compter l'hyène, le chacal et le lynx. Les anciens ont débité force contes sur la vue perçante de ce dernier; la vérité est qu'il a les yeux très-vifs, très-brillants, l'air doux comme le chat, auquel il ressemble beaucoup par l'encolure et par la propreté. Son corps est tacheté comme celui du léopard; tout est bon pour sa voracité : cerfs, chevreuils, lièvres, écureuils, oiseaux, etc. Il se délecte surtout à sucer le sang de ses victimes.

L'hyène et le chacal ne dévorent pas seulement les vivants, ils vont chercher les morts dans leurs tombeaux; ils entrent très-hardiment dans la demeure de l'homme, et font leur proie de tout ce qu'ils y rencontrent. L'hyène est de la grosseur du loup; cependant, quoique son naturel soit féroce, on l'apprivoise à ce point qu'il vient aux pieds d'un maître recevoir ses caresses.

L'ours, de la famille des plantigrades, c'est-à-dire qui marchent sur la plante des pieds comme l'homme, ne se plaît que dans les lieux solitaires, où il vit même éloigné de sa femelle. On parvient à peine à le dompter; encore faut-il le museler, et ce n'est qu'à force de coups qu'on le façonne à l'obéissance. Sa voracité se repaît de toutes les substances animales ou végétales; il est surtout très-friand de miel, qu'il dérobe aux ruches sans redouter les abeilles, dont sa peau et sa fourrure épaisses lui permettent de braver les piqûres. On trouve des ours en France, en Amérique et dans les contrées septentrionales. L'ours blanc appartient à ces dernières; il s'aventure hardiment sur les glaces pour dévorer les baleines, leurs petits et autres poissons. Il a l'ouïe, l'odorat d'une extrême finesse; sa peau, sa graisse sont fort estimées. L'ours a quarante-deux dents : douze incisives, quatre canines et vingt-six molaires.

Les loups ne se mangent pas : ici la sagesse des nations a tort; lorsqu'un loup est blessé par les chasseurs, ses *semblables* suivent la trace du sang et le dévorent. C'est, comme on voit, la marque d'un très-mauvais naturel; aussi n'y a-t-il pas d'espèce pire que le loup, seulement courageux lorsqu'il a faim, et, ce besoin à part, s'attaquant sans nécessité aux hommes, aux femmes, aux enfants, s'il ne trouve à sa portée chiens, moutons, chèvres, poules, etc., etc. Est-il pris au piége, son épouvante, sa stupeur égalent sa férocité à l'état de liberté. Dans la prévoyance de la nature en le formant, on ne peut tenir compte de l'utilité du loup qu'en un seul point, c'est que sa peau est une excellente fourrure. Sa chair infecte répugne à l'homme et même aux autres animaux; aussi celui-là lui a-t-il déclaré une guerre sans fin. Depuis longtemps, par des mesures radicales, les Anglais ont pu chez eux anéantir le dernier des loups. Quoique du genre *chien*, il n'a que la ressemblance extérieure avec ce dernier, aussi fidèle, généreux, docile, intrépide, que le loup est ardent à déchirer, solitaire, farouche et poltron; non moins agile à la course, le loup a sur le chien l'avantage d'y être infatigable : il peut courir tout un jour sans s'arrêter, et rester plusieurs jours sans manger.

La femelle, quand elle a des petits, les défend contre le chasseur avec un courage que rien n'intimide. Les couleurs du loup sont le noir, le fauve, le gris et le blanc; il a les yeux étincelants, ce qui dénote sa férocité, les oreilles droites. « Enfin, désagréable en tout, la mine basse, l'aspect sauvage, la voix effrayante, l'odeur insupportable, le naturel pervers, les mœurs féroces, il est odieux, nuisible de son vivant, inutile après sa mort. »

Également du genre *chien*, et non moins carnassier que le loup, le renard est le plus rusé, le plus *fureteur* des quadrupèdes. Non content de tout ce qui est chair, les autres substances, telles que le lait, la cire, le miel, le fromage, les raisins, et, parmi les petits animaux, les mouches, les poissons, les écrevisses, les rats, les mulots, les guêpes, les frelons, etc., etc., sont les objets de sa gloutonnerie. Il ressemble beaucoup au chien, ne s'apprivoise point, est difficile à chasser et se défend avec courage des chasseurs et des meutes. Bien qu'il exhale une odeur très-forte et qui lui est particulière, on peut manger sa chair en automne, où il s'engraisse de raisins, et sa peau fait d'excellentes fourrures. En Laponie, les renards sont presque tous blancs. Ceux de nos climats sont ordinairement roux.

Voici un animal qui a dans le renard un ennemi acharné, lequel, trouvant son terrier à sa guise, l'en chasse par mille ruses. Cependant le blaireau ne manque pas de courage; quand on le chasse, il se défend contre les chiens avec ténacité. Le blaireau a trente-six dents ; sa taille est celle d'un basset; queue courte et velue; près de l'anus une poche remplie d'une humeur grasse, infecte, qu'il se plaît à lécher. Cet animal est très-défiant, ne se plaisant que dans les endroits solitaires ; il vit d'insectes, de lapins, de mulots; son poil sert à différents usages.

La loutre a le corps à peu près aussi long et aussi gros que le blaireau, et a de même trente-six dents. Presque amphibie, ce qu'indiquent ses pieds palmés, c'est-à-dire que les doigts en sont réunis par une membrane, malheur aux viviers ou aux étangs dans lesquels elle s'introduit, car elle ne tarde pas à les dépeupler.

Dans le même ordre des carnassiers malfaisants, malgré leur petitesse, nous comptons la fouine, la marte, l'hermine (celles-ci nous sont venues du Nord, et on leur doit ces belles fourrures si estimées des dames), le putois, le furet, la belette, ces ravageurs des poulaillers, des garennes, des volières et des colombiers.

Qui le croirait? la civette, qui produit la liqueur de ce nom si parfumée, tient beaucoup des animaux-*tigres* pour l'appétit désordonné et pour la robe marquée aussi de taches. Les petits animaux, les volailles, les oiseaux, les fruits, les racines sont à sa convenance. C'est près de l'anus qu'est la poche où la *civette* est contenue. Elle est l'objet d'un grand commerce en Asie. Pour extraire ce parfum, on place l'animal dans une cage où il ne peut se tourner; on l'en tire par la queué, en ayant le soin d'entraver les jambes, et on râcle la poche avec une petite cuiller. Cette opération se répète deux à trois fois par semaine. Il ne faut pas confondre la *civette* proprement dite avec le *musc*, espèce des ruminants sans cornes, genre chevrotain. Cette substance est placée chez le mâle dans une poche sous le ventre, et différente par son odeur et par sa consistance de celle de la civette. Ainsi de même que la civette, il y a un animal nommé le *musc*, d'où la partie prise pour le tout, et *vice versâ*, est identiquement générique.

La nature, qui se plaît parfois à exagérer les contrastes, les développements de l'instinct chez les animaux, semble ainsi les prédestiner, soit par quelque forme insolite ou quelque appendice bizarre, à une puissance d'exaltation dans le témoignage d'un sentiment vrai qui les grandit, les élève au-dessus des autres espèces. Une de ces exceptions est l'histoire du sarigue, animal de l'apparence des marmottes et issu d'Amérique, dont la femelle et non le mâle porte sous le ventre une poche qui s'ouvre et se referme à la volonté de l'animal. Il paraît donc que la nature en faisant le mâle peu soucieux de ses petits a voulu que le sentiment d'amour maternel s'accrût chez la mère en raison inverse de l'insouciance du père; aussi garde-t-elle ses petits presque constamment attachés à ses mamelles contenues dans cette poche, où ils rentrent au moindre bruit qui les épouvante et au cri que la mère pousse pour les avertir du danger. Il est à remarquer que, bien qu'elle en abrite ainsi souvent six, son ventre n'en paraît pas plus gros, son allure en fuyant moins vive que si elle n'emportait pas son précieux fardeau.

Le sarigue est carnassier; il aime à sucer le sang, il vit aussi d'insectes et de racines. On l'apprivoise facilement. Une tête pointue, la bouche fendue jusqu'auprès des yeux, des oreilles de chouette lui donnent un aspect fort disgracieux, et, de plus, sa peau exhale une odeur insupportable.

La chauve-souris appartient à l'ordre des *chéiroptères*. On la classe communément parmi les carnassiers, parce qu'elle vit d'insectes, de viande crue on cuite, fraîche ou gâtée.

Rien de plus laid, de plus hideux que cet animal moitié quadupède, moitié volatile, à en juger par sa structure : une membrane nue qui l'aide à voler; doigts des mains allongés et enveloppés dans cette membrane; nez surmonté de deux crêtes, l'une en feuille, l'autre en fer à cheval; oreilles grandes et séparées. Elle a trente-deux dents, huit incisives, quatre canines et vingt molaires. Son vol semble s'exécuter par efforts, comme on le voit par ses vibrations brusques et obliques.

Pendant le jour les chauves-souris, recouvertes de leurs ailes, se tiennent accrochées à la voûte des cavernes par les pieds de derrière; on compte quinze ou seize espèces du genre chauve-souris, parmi lesquelles il en est une nommée *vampire*, qui suce le sang des hommes et des animaux endormis.

Voici un animal qui laisse bien loin derrière lui ses pareils de l'ordre des rongeurs. Il est tout à la fois architecte, maçon, ingénieur; avec sa queue large, aplatie et de forme ovale, il construit, en compagnie des siens, sur le bord des rivières, des étangs, plusieurs habitations où sont observées toutes les règles de l'hydraulique. Des digues, consolidées par le travail du pilotis, empêchent l'eau d'y pénétrer. Les arbres les plus gros, sciés avec les dents à cet effet, et dépouillés de même de leur écorce, ont servi à ces merveilleuses retraites. Point de discordes, point de querelles, dans cette république où chaque castor vit de peu, se livre au doux *far niente*, d'autant plus doux qu'il ne doit rien à la paresse.

Les castors n'ont d'ennemi dangereux que l'homme, qui les tue pour avoir leur fourrure. Cette fourrure, recherchée pour la fabrication des chapeaux, est d'un roux marron. Les racines, les feuilles et l'écorce des arbres sont la nourriture ordinaire du castor, qui ne s'écarte guère de sa demeure aquatique, construite en forme de dôme et haute de quatre pieds environ. C'est dans les contrées les plus solitaires, dans l'Amérique septentrionale, en Asie et dans le nord de l'Europe, qu'on trouve encore cet industrieux et utile animal. Une particularité est à remarquer sur le castor, ce sont les poches ovoïdes qu'il porte sous le ventre et qui contiennent le *castoréum*, cette substance grasse et odorante dont la pharmacie fait usage pour la préparation des teintures éthérées et alcooliques.

L'écureuil par sa gentillesse, sa légèreté, sa familière domesticité fait l'amusement des grandes personnes et des enfants, avec lesquels ils se plaît; car il s'apprivoise assez facilement, bien qu'il conserve toujours quelque levain de sauvagerie. A l'état sauvage, il habite les grandes forêts de tous les climats tempérés; cependant la Sibérie en possède une espèce qui diffère peu des autres. Il se nourrit d'amandes, de noix, de fruits et de baies sauvages.

Le rat, la souris, le mulot, le campagnol, la taupe, le rat d'eau, la musaraigne, s'ils sont le fléau des habitations de ville et de campagne, des champs et des rivières, par leur prodigieuse multiplication, trouvent en revanche de nombreux ennemis dans l'homme et les espèces différentes de la leur : ajoutons que, pressés par la faim, ils se détruisent entre eux : ainsi partout la nature a mis le bien à côté du mal. Cependant de cette proscription générale il faut excepter la souris ; et n'était le dommage qu'elle cause, nul animal n'est plus doux, plus timide et plus ami de l'homme, malgré la répulsion qu'il excite à son apparition inattendue, ce qui explique l'involontaire effroi dont on est saisi.

A propos des animaux rongeurs dont il s'agit ici, nous ne pouvons passer sous silence le *hamster* ou rat de blé, très-commun en Allemagne, où il est fort redouté de tous, car il ne craint ni les hommes ni les chiens, ni les chats; ses pareils se dévorent même entre eux, et il n'est pas rare de voir la femelle étrangler le mâle, *et vice versâ*. A part ces goûts destructeurs, il faut reconnaître dans cet animal une prévision merveilleuse ; il forme sous terre des magasins où il entasse force grains pour l'hiver, pendant lequel il demeure engourdi comme les marmottes. Pourvu de deux bajoues à l'intérieur de la bouche, il s'en sert comme de sac pour y cacher le blé qu'il dérobe. Si l'ennemi se présente, soudain il vide ses poches pour être plus apte à se défendre; mais s'il n'en a pas le temps on le prend facilement.

Le cochon d'Inde, de l'espèce des rongeurs, provient du Brésil et de la Guinée. Rien de plus doux, de plus familier et surtout de plus inoffensif que ce petit animal, au point qu'il se laisse dévorer par les chats en se plaignant à peine. Le peu d'utilité qu'on en retire en fait négliger l'élève, car sa chair ne vaut rien pour notre appétit *omnivore;* ce n'est donc que pour le plaisir d'avoir auprès de soi un gentil animal dont le faible grognement témoigne qu'il vous sait gré de vos soins, que l'on en voit parfois dans quelques maisons. Nous pourrions citer une personne qui en a gardé un dix ans : elle l'emportait dans sa poche, et le mettait à terre à la promenade où il la suivait comme un chien.

Cet animal a vingt dents, quatre incisives, seize molaires; quatre doigts séparés par devant, trois derrière réunis par une membrane; ongles courts, point de queue. Il se nourrit d'herbes, de fruits, ne boit point, bien qu'il urine souvent, et demande les plus grandes précautions contre le froid et l'humidité, qui le tuent promptement.

Nous serons bref en ce qui regarde le hérisson[1] et la marmotte. Il n'est personne qui n'ait vu le premier se rouler en boule en présentant de tous côtés des épines à ses amis et ennemis; aussi les chiens aboient après lui sans oser le saisir, sachant par expérience que *qui s'y frotte s'y pique*. Cet animal vit d'insectes; il est aussi très-friand de viande jusqu'à tuer des animaux plus forts que lui, les lapins par exemple.

La marmotte s'apprivoise et se soumet, comme le chien, aux divers exercices qu'on lui impose. De même que le chat, un petit murmure indique en elle le contentement; mais si on l'irrite elle fait entendre un sifflement des plus aigus : on sait qu'elle a le privilége, ainsi que le loir, la chauve-souris, le hérisson, etc., d'un profond et tenace engourdissement pendant l'hiver, au point d'être remuée, agitée, roulée sans donner signe de vie.

Pendant cet état de torpeur, les marmottes, tapies dans des trous, des murs, sur des buissons ou des arbres garnis de feuilles et de mousse, restent immobiles, rai-

[1] Il semble difficile de parler du hérisson sans faire mention du porc-épic. Tous deux sont hérissés de piquants, mais là s'arrête la ressemblance. Le premier est de la famille des carnassiers, l'autre de celle des rongeurs. Celui-ci vit de racines et de fruits et n'a pas la faculté, comme l'ont avancé quelques voyageurs crédules, de darder au loin ses piquants avec une telle force qu'ils puissent blesser. Ce sont, vérification faite, de vrais tuyaux de plumes, moins les barbes. Ni farouche, ni méchant dans l'état de domesticité, il n'en conserve pas moins un grand désir de liberté au point de percer la porte de la loge où on le retient avec ses dents de devant, fortes et tranchantes comme celles du castor. Originaire d'Italie, on le trouve néanmoins dans toutes les contrées de l'Europe.

des, les yeux fermés et la respiration à peine perceptible.

Nous ne parlerons pas de deux autres espèces de marmottes, qu'on trouve en Sibérie et au Canada; elles ne diffèrent que très-peu de la marmotte de nos climats.

Par un caprice qu'à la rigueur on pourrait expliquer, la nature, qui munit d'armes offensives et défensives de petits animaux, en laisse d'autres presque abandonnés de toute aide, nés en quelque sorte pour souffrir, végéter et mourir. De ce nombre sont l'unau et l'aï, genre bradype (qui marche lentement), et par cela même appelés et mieux connus de nous sous le nom de *paresseux*. Ces deux animaux ne sont véritablement qu'à l'état d'ébauche; point d'incisives ni de canines, les yeux obscurs, les cuisses mal emboitées, les jambes trop courtes, point de doigts séparément mobiles, mais deux ou trois ongles qui ne se meuvent qu'ensemble et nuisent à la marche. Cette absence de tout moyen de se défendre, de fuir, les confine à la motte de terre, à l'arbre sous lequel ils sont nés. C'est à peine s'ils peuvent parcourir une toise en une heure, ne grimpant qu'avec peine et se trainant d'une voix plaintive qu'ils n'osent faire entendre que la nuit. Arrivés sur un arbre, ils n'en descendent plus qu'ils ne l'aient entièrement dépouillé, sans pouvoir satisfaire leur soif; et ne pouvant plus en descendre, tant est profonde leur inertie, ils se laissent tomber lourdement. Alors ils deviennent la proie des hommes et des oiseaux carnivores. Un bienfait pourtant de leur étrange conformation (si l'on peut appeler cela un bienfait), c'est de paraître insensibles aux coups; on en a disséqué dont le cœur battait pendant une demi-heure, et les jambes remuaient comme si l'animal n'eût été qu'assoupi. Ces animaux se trouvent à Surinam, à la Guyane, et non ailleurs.

OISEAUX.

A la différence de ses pareils (les oiseaux de proie), l'aigle, ainsi que le lion, n'est ni cruel, ni féroce par instinct;

la faim seule l'oblige à chercher sa proie, à s'en repaître; il a aussi dans son port, dans son regard, dans son vol, une assurance, une majesté, signe caractéristique de sa force, de sa supériorité, de son courage. Il égale encore le lion en générosité, car il dédaigne les cris, les insultes de faibles adversaires. L'*aigle royal*, ou *doré*, est le plus grand de tous les aigles. La femelle a trois pieds et demi de longueur, et plus de huit pieds et demi de vol ou d'envergure. Le mâle est plus petit; le bec est très-fort et recourbé; les ongles ou serres sont crochus et formidables, les yeux étincelants, quoique enfoncés, le cri effrayant, les mouvements brusques, le vol très-rapide et doué de la faculté de s'élever plus haut que les autres oiseaux. L'aigle peut, tant sa vigueur est grande, emporter dans son aire les lièvres, les agneaux, les chevreaux, les oies, les grues. Son nid est ordinairement dans les rochers les plus inaccessibles, large de plusieurs pieds, et d'une solidité appropriée au poids de sa progéniture et de la quantité de lambeaux de chair qu'il y entasse. La femelle ne pond ordinairement que deux œufs.

On réduit à peu près à six espèces diverses les aigles d'Europe. L'orfraie est ce qu'on appelle l'*aigle de mer*. En effet, elle se tient dans le voisinage de la mer et dans les terres à portée des lacs et des étangs, d'où elle enlève d'assez gros poissons; elle fait aussi sa proie du gibier comme l'aigle.

Le vautour est à l'aigle ce que le tigre est au lion. Ce n'est que réunis que les vautours se jettent sur leur proie, qu'ils déchiquètent vivante ou morte, ou corrompue, tant leur voracité est basse et avide. On pourrait presque juger de leurs différences avec l'aigle à la conformation; leurs yeux sont très-saillants, la tête et le cou presque nus; leurs ongles plus courts, moins recourbés; leur attitude penchée. On les reconnaît facilement de loin, en ce qu'ils sont presque les seuls de leur espèce qui volent en nombre, et parce que leur vol est pesant. Il y a encore plusieurs espèces de vautours communs à l'Europe.

Le *condor* ou grand vautour des Andes justifie bien ce

nom, comme le plus grand de tous; il a jusqu'à dix-huit pieds d'envergure, le corps, le bec et les serres dans les mêmes proportions, et il ne le cède en rien à l'aigle pour le courage et la force; il n'est pas rare de le voir emporter des enfants, une biche ou une jeune vache aussi aisément qu'un lapin, et s'attaquer même aux hommes, qu'il renverse sans peine. Sa femelle pond rarement, autant qu'il faut pour perpétuer l'espèce. Sa fécondité ainsi limitée est un argument en faveur d'une providence prévoyante : s'il multipliait beaucoup, il dépeuplerait d'animaux le Pérou, dont il est originaire.

Le milan, inférieur au vautour par la grandeur et la force, s'en approche beaucoup par les mœurs. Il est commun en France, surtout en Franche-Comté, en Dauphiné, en Auvergne. Sa vue perçante lui fait apercevoir sa proie du point le plus éloigné; il en veut surtout aux poules, aux poussins, aux pigeons, puis, par manière de passe-temps, aux poissons morts, aux couleuvres, aux charognes. On trouve communément les nids de milan dans le creux des rochers.

L'épervier et l'autour sont de la même espèce; l'un, de la grosseur d'une pie, est l'ennemi déclaré des pigeons, des perdreaux et des cailles, et principalement des petits oiseaux; l'autre, plus grand, mais plus avide, mange non-seulement les oiseaux, il avale encore les souris tout entières. D'un naturel sanguinaire, mâle et femelle mordent et déchirent sans distinction, et par conséquent ne s'apprivoisent pas aussi facilement que l'épervier.

On ferait un long article des qualités du faucon et par suite de l'art du fauconnier pour dresser cet oiseau à chasser perdrix, geais, merles et autres oiseaux; et sa femelle à *voler* (en terme de fauconnerie), ce qui est même chose que chasser le lièvre, le milan, la grue, etc. Ce divertissement, si goûté au moyen âge, et dont l'ancien régime avait gardé la tradition, a subi les vicissitudes du temps : à peine si chez nous quelques campagnards se donnent ce plaisir, autrefois regardé comme droit régalien, droit seigneurial, et dont par conséquent le *vilain* était privé. Nous nous contenterons donc de dire que le faucon est toujours, à l'état libre, un vaillant oiseau parmi les vaillants. Il tombe *à plomb* sur sa victime, même prise en un filet, ne s'y empêtre pas, la tue ou l'emporte, et se relève de même. Sa grosseur est celle d'une poule; il a dix-huit pouces de longueur et trois pieds et demi d'envergure. Nous ne joindrons à ce portrait abrégé que les diverses dénominations données aux autres espèces, comme le faucon blanc de Russie, le faucon brun, le faucon pèlerin, le faucon de Barbarie, qui n'est pour Cuvier que notre faucon, ni même le faucon *niais*, ainsi nommé parce que, pris trop tôt au nid, il était plus difficile à élever. Passons à l'ordre des gallinacés.

Le coq a la démarche grave et lente, quoique très-vif dans ses mouvements; son cou est vertical, son front décoré d'une crête rouge et charnue, et le dessous du bec est garni d'une double membrane de même couleur et de même nature; le coq porte la queue en panache; il chante le jour et la nuit, mais non pas exactement à certaines heures, comme le vulgaire se l'imagine. Voyez-le au sortir du poulailler, la tête haute, le regard assuré, rassembler son sérail autour de lui, en gourmander les habitantes si elles s'écartent, veiller, menacer tour à tour, mais leur éparpillant en quelque sorte le grain, mettant un frein à son appétit pour satisfaire le leur : exemple touchant d'abnégation, de privation qu'on ne saurait trop louer dans l'*homme* de Platon[1].

Un rival se présente-t-il, jamais Mars en fureur ne causa tant d'alarmes. Rien que la mort ou la fuite de l'un des deux peut mettre fin au combat.

En fait de poules et d'œufs, nos lecteurs savent tout ce qu'il faut savoir des premières; et quant aux seconds, les mystères de l'incubation naturelle et artificielle sont assez connus.

Parlerons-nous d'un autre coq, le coq d'Inde ou dindon?

[1] Platon avait défini l'homme *un animal à deux pieds sans plumes*. Diogène pluma un coq, et le jetant dans l'école du premier: *Voilà*, dit-il, *l'homme de Platon*.

oui, mais pour dire seulement que sa queue en éventail, au moyen de laquelle il fait la roue en se prélassant, ne lui ôte pas ce caractère, cette allure de stupidité attachés à son nom, et qui, en définitive, ne le rendent bon... qu'à être mangé,

Regardons plutôt le paon dont la queue est semée de si brillantes couleurs et la tête ornée d'une aigrette non moins éclatante. Il est, dit-on tellement sensible à l'admiration, que si l'on paraît froid en le considérant il replie alors les *bâtons de l'éventail* dont vous n'êtes pas digne d'admirer les richesses et la variété.

Le faisan est originaire de la Colchide : c'est en France l'oiseau qui peut le mieux disputer au paon le prix de la beauté pour la démarche, le port et le plumage. Le faisan, qu'on ne servait autrefois qu'à la table des rois, s'il a perdu cette vieille prérogative, n'en est pas moins recherché des gourmands, qui estiment particulièrement sa chair quand elle a acquis un certain *fumet.*

A la suite du faisan, dans l'estime des gastronomes, se placent la perdrix, la caille, le pluvier, la sarcelle, la bécasse, la bartavelle, la grive et enfin l'ortolan, morceau fin et recherché, qui dans le midi de la France, où il abonde, est l'objet d'un commerce actif avec une partie de l'Europe.

Trois oiseaux dans nos fermes rivalisent de qualités utiles, qu'il serait superflu d'énumérer : l'oie et le canard animent la basse-cour ; le pigeon semble indiquer autour de lui un état d'aisance et de bien-être que nous voudrions voir étendu à toute la population agricole.

Le pigeon ramier, ainsi nommé parce qu'il perche sur les arbres, est moitié sauvage, moitié *civilisé*, et se rapproche ainsi de notre pigeon commun ; il se familiarise comme lui.

Chez les anciens on regardait le corbeau comme un oiseau de mauvais présage. Son plumage, son cri lugubre donnent en effet du poids à cette superstition, et sa voracité, se repaissant de cadavres de toutes sortes, en fait un des oiseaux de proie les plus répugnants. Cependant les corbeaux s'apprivoisent, imitent le cri des animaux et jusqu'à la voix humaine.

Le corbeau s'élève très-haut; de sa nature il est voleur; lâche avec les forts, en revanche il est cruel envers les animaux plus faibles que lui; cependant la paternité le rend brave : si un milan ou autre menace son nid, il fond sur lui, et souvent ainsi ils tombent tous deux mortellement déchirés. Le corbeau est, dit-on, plein d'égards pour sa femelle.

On doit à l'oiseau de paradis, originaire de l'Asie, les plumes ondoyantes et soyeuses dont nos dames ornent quelquefois leur coiffure. L'industrie mercantile, pour ajouter à leur prix par le merveilleux, proclame que ces oiseaux naissent sans pieds; mais c'est un conte de l'Orient, d'où tant de contes sont sortis.

Parmi les oiseaux jaseurs, quoi de plus joli, de plus aimable, de plus aimant que le serin dit *canari!* quel modèle d'union conjugale des deux parts et de soins pour leurs petits! et quel attachement ils montrent à ceux dont ils sont la propriété, qu'ils ne voient jamais s'approcher de leur cage sans témoigner leur joie par leur caquet! On dirait que l'esclavage les a rendus meilleurs, si l'on ne savait par expérience que dans cet état les animaux dégénèrent en général. A toutes ses qualités le serin joint l'aptitude à retenir les airs qu'il entend, et ce chant si doucement modulé, si gracieux, fait encore plus aimer ce charmant musicien. Cependant comme il n'y a rien de parfait au monde, le serin, tant privé, tant choyé, si sa cage reste ouverte, s'échappe et ne revient plus, ou du moins rarement. Croyons qu'inhabile à se procurer une nourriture si longtemps trouvée abondante et facile, il meurt de privations, ou probablement sous les griffes et le bec des autres oiseaux; on a remarqué maintes fois en effet que parmi les oiseaux libres l'étonnement d'abord se manifeste à la vue d'un étranger, d'un nouveau venu si peu accoutumé à leur existence vagabonde; puis bientôt après ils le poursuivent de leurs cris, de leurs gestes jusqu'à ce que mort s'ensuive. C'est en quelque sorte l'histoire de l'homme civilisé tombant au milieu de sauvages.

Les chardonnerets, peints des plus vives couleurs, n'ont pas moins de douceur dans la voix, de docilité, d'attachement à leur progéniture que les serins. Cependant, si le perfectionnement de son instinct par l'éducation va jusqu'à faire le mort, mettre le feu à un tube chargé de poudre, tirer le seau qui contient sa nourriture, le chardonneret, renfermé dès sa naissance, devient farouche avec le temps : sa nature semble l'avertir qu'il était plus fait pour la société des siens que pour celle des hommes ; et poussant même jusqu'à l'héroïsme l'horreur de l'*étranger*, on en a vu mourir de chagrin d'avoir été forcés d'accepter pour compagne une femelle canari.

La pie, le geai n'ont pas entre eux de grandes dissemblances, et l'histoire peut en être passée sous silence sans formaliser le lecteur. Nous nous étendrons davantage sur le linot ou linotte (le nom de l'un ou l'autre s'emploie communément) dont le nom indique son appétit pour la graine de lin ; et puis sa place paraît avoir été marquée par la nature après le serin, avec lequel il s'apparie plus facilement qu'avec toute autre espèce en apparence homogène. Comme le serin, il jase, parle, retient les airs *serinés*, mais la femelle ne chante ni n'apprend à chanter. Du reste, mêmes goûts, même familiarité, mêmes caresses pour ceux qui le tiennent prisonnier.

C'était jadis l'oiseau de prédilection des prolétaires, qui trouvaient un délassement à de rudes travaux dans sa gentillesse et son babil familièrement amical.

Parmi les oiseaux chanteurs, jaseurs et surtout *parleurs éternels*, nous ferons une large part au perroquet. Ce que nous voyons tous les jours de son talent d'imitation de la voix et du geste nous étonne encore, malgré l'habitude de l'entendre. Ce qu'on lui dicte en quelque sorte, il le cherche, le gazouille mot à mot; c'est chez lui le double travail de l'attention et de la mémoire, au moyen duquel il arrive à retenir, pour les répéter, des phrases entières. Cette étude même le poursuit jusque dans son sommeil, car souvent il jase en rêvant. Les récits des naturalistes sont pleins de miracles de son intelligence. Aldrovande, entre autres, cite le perroquet de Henri VIII, qui, tombé dans la Tamise, appela les bateliers à son secours avec les inflexions de voix des passagers qu'il entendait les appeler du rivage. Ce trait n'est rien moins que surprenant; ce qui l'est davantage, c'est l'action *orale* de ce perroquet qui, dit-on, *récitait correctement* le symbole des Apôtres, et qu'un cardinal, ravi de cet effort de mémoire, acheta cent écus d'or. Le perroquet participe encore de notre nature dans ses haines, ses préférences, ses joies pour ceux qui l'entourent; entend-il se plaindre, se réjouir ou gronder, sa voix se module sur le même rhythme de manière à tromper les personnes le plus habituées à reconnaître l'accent qu'elles aiment ou redoutent.

Il s'agit ici du perroquet gris, ordinairement appelé *Jaco*, et dont le cri est moins désagréable que celui du perroquet vert. Celui-ci, à part cette légère différence, possède toutes les qualités du premier. Tous deux, comme leurs congénères, sont apportés d'Afrique en Europe. Ils vivent vingt ans environ. Il y a des perroquets noirs à Madagascar et en Ethiopie, sans compter les autres espèces de Chine et d'Amérique.

Dans l'ordre des *passereaux*, l'oiseau-mouche et le colibri rivalisent de légèreté, de grâce et d'éclat. Leurs heureuses proportions, la variété, l'harmonie des nuances dont leur plumage est diapré, laissent à leur aspect nos yeux charmés d'une égale admiration. Tous deux touchent à peine les fleurs pour en pomper le miel, tant ils se complaisent à l'agitation incessante de leurs ailes, à bruire doucement dans les airs émaillés, pour ainsi dire, de ces charmants oiseaux. Qui croirait que la colère peut nicher dans ces microscopiques lutins! rien n'est plus vrai, pourtant : ils se querellent, se battent entre eux et se laissent emporter par des oiseaux beaucoup plus gros en ne cessant de les harceler de leurs becs taillés en aiguille fine. On donnera une idée de leur grandeur en apprenant qu'elle est moindre que la mouche appelée taon, et leur grosseur de même au-dessous de celle du bourdon. Ceci est la mesure de l'oiseau-mouche; le colibri est quelque peu plus gros, et il y a quelque différence dans le bec. On compte vingt-quatre espèces d'oiseaux-mouches ; elles sont toutes originaires du Nouveau-Monde.

Nous terminerons notre nomenclature ornithologique, fort incomplète sans doute, en disant quelques mots du gobe-mouche. Il *a l'air triste*, stupide, l'instinct irrésolu, et son nid est *à découvert*, tant il croit peu à la malice, à la tromperie de ses pareils.

REPTILES.

Parmi les ophidiens (serpents), le plus redoutable, le plus grand est le boa, qui a trente à quarante pieds de long, et engloutit facilement un homme et un bœuf, le broie, pour ainsi dire, dans ses replis et l'avale, mais non sans mâcher, ce qui est fort heureux, parce que cette opération, des plus pénibles pour lui, le met hors d'état de se défendre, et qu'on peut le tuer alors aisément pendant cette espèce d'indigestion dont une horrible putridité est l'agent indispensable.

Les serpents à sonnettes dits *crotales* (d'un verbe grec qui signifie *frapper*) sont les plus dangereux. Ce qu'on appelle *sonnettes* est une espèce d'écailles enroulées de loin à loin et produisant un certain cliquetis qui avertit de leur approche. On les trouve en Amérique, au Brésil. Dès que sa proie est à la portée de ce reptile, il s'élance avec la rapidité de la flèche. Il est assez généralement reconnu que son regard fixé sur un animal suffit pour stupéfier celui-ci de telle sorte qu'il perd la volonté de fuir. Cependant le crotale mis en cage ne se précipite pas sur les petits animaux qu'on y renferme avec lui; la captivité enchaîne ses appétits destructeurs à tel point qu'il se laisse mourir de faim. Sa morsure fait enfler tout le corps, et l'agonie se manifeste par une soif qui s'augmente encore de l'ingestion des boissons. Telle est la force du venin que le linge qui en a été imprégné conserve ses effets meurtriers même après avoir été lessivé. Il faut se hâter d'employer, pour combattre la morsure, les purgatifs, les sudorifiques, les cataplasmes émollients, car on a vu des chiens succomber en quelques secondes. Les serpents à sonnettes ne se rencontrent qu'en Amérique.

Les couleuvres, qu'on a voulu longtemps faire passer pour venimeuses, ne le sont nullement; c'est un préjugé répandu encore dans les campagnes qu'elles tettent les vaches jusqu'au sang, et qu'elles entrent par la bouche dans le corps des imprudents endormis à l'ombre. Elles sont seulement redoutables aux insectes, aux petits poissons, aux grenouilles, aux petits oiseaux, aux souris; dans plusieurs contrées de l'Europe on mange la chair de l'*anguille de haie,* comme on appelle la couleuvre. Elle a la tête aplatie, ovale, et le museau obtus.

Quant à la vipère, si commune dans les environs de Paris, son venin n'est dangereux que lorsqu'on n'y apporte pas un prompt remède, principalement l'alcali volatil. Ce venin est très-actif, il tue un moineau, un pigeon, une poule en peu de minutes: son effet est de coaguler le sang. On a prétendu, il y a quelques années, qu'un chien mordu par une vipère et guéri ne pouvait pas devenir enragé; mais ce fait si important ne s'est pas confirmé. On sait que la poudre de vipère et de couleuvre sert à la composition de la thériaque. Les couleuvres et les vipères ont un sifflement assez aigu.

L'aspic diffère très-peu de la vipère.

Le crocodile est amphibie; il a la forme d'un énorme lézard, et sa gueule est d'une grandeur démesurée. Il est armé de doubles rangs de dents, couvert d'écailles, a les pieds palmés, et est ovipare. On en a pris qui avaient soixante pieds de longueur. On sait que ce vorace animal se cache dans les roseaux, où il imite les gémissements d'un enfant qui pleure. Malheur à celui qui, dupe de sa bonté, s'en approche; le crocodile se jette brusquement sur lui et le dévore. C'est de ce guet-apens qu'est né le dicton : *larmes de crocodile*, c'est-à-dire larmes simulées.

On compte parmi les sauriens (genre de lézard) le caïman, autre espèce de crocodile très-vorace, qui saisit chiens, cochons, etc., par le museau, les noie et les dévore à terre quand leurs chairs se corrompent, car les crocodiles ne peuvent manger sous l'eau.

Dans l'ordre des iguaniens (l'iguane est un lézard d'Amérique, amphibie, dont la chair et les œufs sont un fort bon aliment) figure le basilic qui, au dire des anciens, tuait l'homme de son regard s'il l'apercevait le premier, et, dans le cas contraire, était tué de même par celui qu'il rencontrait. Ce conte est reçu depuis longtemps pour ce qu'il vaut. Le basilic réel ne tue personne d'un coup d'œil.

Dans le même ordre est aussi le dragon, qui bien loin d'être monstrueux comme celui de l'Apocalypse, ou comme ceux que les anciens preux figuraient sur leurs boucliers, a la douceur native du lézard de nos jardins, et l'aspect nullement repoussant.

La tortue appartient à l'ordre des *chéloniens*. Tout le monde connaît cet animal à la démarche si lente, qui porte son toit sur son dos, et dont la chair bouillie fournit aux poitrines délicates un consommé réparateur. Il y a des tortues de mer, d'autres qui habitent seulement la terre. Pour les saisir, on les retourne sur le dos, car elles n'ont pas la faculté de reprendre leur mode de station ordinaire. Quand la tortue, du reste fort inoffensive, est attaquée par l'homme ou autres ennemis, elle retire dans sa cuirasse sa tête, sa queue et ses pattes.

Les batraciens, ou grenouilles, subissent la même métamorphose que la chenille devenue papillon, c'est-à-dire qu'à l'état de têtard au sortir de l'œuf, leur conformation est celle de poisson, pour devenir ensuite osseuse et animal amphibie à quatre pattes, autrement dit grenouille. C'est Cuvier qui a découvert que dans ce premier état la grenouille respire en effet comme un poisson, et à l'état d'adulte comme un reptile.

On connaît environ vingt espèces de grenouilles. Leur prodigieuse fécondité est en raison directe de la foule d'ennemis qui conspirent sa destruction. D'un seul accouplement il sort douze à treize cents œufs. Elles vivent fort longtemps, et, captives dans un bocal à moitié rempli d'eau, elles servent en quelque sorte de baromètre.

Le crapaud est très-proche parent de la grenouille, bien qu'il en diffère par son aspect hideux, son haleine infecte et son allure non moins disgracieuse. Cependant les crapauds ne sont pas si malfaisants que le disent les paysans. Ils les débarrassent des vers, des chenilles, des limaçons; à leur tour ils sont mangés par les couleuvres, les brochets et les anguilles, les hérons et les cigognes. On connaît à peu près quarante espèces de crapauds. Son venin n'a rien de bien funeste. Le gonflement de sa peau quand on l'irrite tient à ce que, non adhérente à son corps, elle l'enferme comme en un sac, et lui sert alors comme d'un bouclier sur lequel les coups viennent s'amortir. Il est très-dur à tuer; il n'est pas rare, après l'avoir laissé pour mort, de le voir regagner sa retraite d'où il sort parfaitement vivace. Ce qu'on a dit de leur existence, quoique privés d'air pendant de longues années, est un fait confirmé par une foule d'observations incontestables, et notamment par Cuvier et Geoffroy Saint-Hilaire, lors des fouilles faites à Montmartre et ailleurs. (Voir le *Discours sur les révolutions du globe.*)

On range parmi les *batraciens* la salamandre, dont le corps est allongé et terminé par une queue, à la façon des lézards. Elle habite les lieux humides, et vit d'insectes et de vers. Il faut rejeter comme une fable la faculté attribuée à la salamandre d'être insensible à l'action du feu. Le *Triton*, autre espèce de salamandre aquatique, jouit de la propriété singulière de réparer promptement les membres qu'il a perdus.

POISSONS.

La baleine mesure quelquefois jusqu'à quatre-vingts ou cent pieds de longueur ; sa gueule a environ vingt pieds d'ouverture. Nul animal n'approche de ces proportions gigantesques ; c'est dans les mers du Nord que généralement se fait la pêche des baleines, au moyen de harpons qu'on leur lance, en les suivant à la trace du sang jusqu'à ce que, épuisées, elles flottent à la surface de la mer. On retire de leur peau une quantité énorme d'huile; une seule en fournit cent à cent vingt tonneaux. C'est avec le *blanc de baleine* ou *sperma ceti*, matière blanche qui se durcit à l'air, que l'on fait la bougie. Cette matière se trouve dans le cerveau des baleines et des cachalots.

La mâchoire supérieure de la baleine est en forme de carène et garnie des deux côtés de lames cornées, appelées fanons. Par une singularité remarquable, eu égard à la taille gigantesque de ce poisson, au lieu de dévorer les *gros*, il ne mange que les *petits*, de très-petits mollusques dont pullulent les mers du Nord.

Ouvrant une gueule énorme, armée de dents cruelles, rangées en triangle isocèle à côtés dentelés, le requin guette les imprudents qui se baignent dans les mers qu'il habite. Accompagné d'un petit poisson, *le pilote*, qui a les mêmes goûts que lui, le requin suit les vaisseaux pour saisir les débris que les matelots jettent à la mer ; mais il est faux que l'un serve de guide à l'autre. Sa longueur dépasse souvent neuf mètres. On harponne le requin comme la baleine, mais on ne le tue pas sans de grands dangers.

Le dauphin se trouve dans toutes les mers; il est pourvu d'*évents* par où il rejette l'eau qu'il avale, c'est ce qui le classe dans la famille des souffleurs ; il est carnivore, a le museau prolongé par une espèce de bec; sa chair ressemble à celle du porc. Il a cent soixante-huit ou cent quatre-vingt-dix dents.

Le marsouin est nommé pourceau marin parce qu'il

gronde comme nos cochons. Il ne diffère du dauphin que par un museau court et bombé. Il est de même de la famille des souffleurs. Les marsouins vont en troupe et se plaisent à faire des bonds sur l'eau. Il y a dans les mers des Antilles une espèce de marsouin qu'on appelle *moine de mer* ou *tête de moine*.

Le narval ou licorne de mer est ainsi nommé parce qu'il est armé sur l'os intermaxillaire d'une corne cannelée et fort pointue, longue de quinze à seize pieds, avec laquelle il combat les baleines. On le rencontre dans la mer Glaciale.

Le cachalot est presque aussi grand qu'une baleine ; sa tête est monstrueuse, égalant communément la moitié ou le tiers de son corps ; il a d'énormes dents à la mâchoire inférieure. Il n'a point de nageoire dorsale. On trouve les cachalots dans toutes les mers du Nord.

Le physetère, d'un mot grec qui signifie *souffleur*, est de l'espèce des cachalots, dont il ne diffère que par la nageoire dorsale dont ils sont privés. Il habite la Méditerranée et surtout les mers glaciales, où il fait la guerre aux phoques.

Par phoque on entend le veau marin, qui, comme amphibie, tient et du cétacé et du quadrupède, et est par conséquent de l'ordre des mammifères. Il a, en effet, quatre espèces de pieds, couverts d'un poil court ; ces pieds ou mains sont divisés en cinq doigts en forme de nageoires, et à cet effet réunis par une forte membrane ; par conséquent plutôt faits pour nager que pour marcher. Les pieds et les mains sont tournés en arrière comme pour se réunir à une queue très-courte : tout cet ensemble donne au phoque l'apparence d'un poisson ainsi que le corps renflé vers la poitrine, surtout chez les femelles, où les mamelles sont apparentes, ce qui leur donne l'aspect de sirènes telles que les ont dépeintes les récits fabuleux de l'antiquité. Il est à croire aussi que l'existence des tritons est due pareillement à l'aspect des phoques, des morses et des lamantins.

On trouve les phoques dans l'Océan, la Méditerranée, et dans les mers d'Asie, d'Afrique et d'Amérique.

On compte plusieurs variétés de phoques ; ces animaux sont fort intelligents, s'apprivoisent aisément ; mais quand on leur fait la chasse pour leur peau, qui est une excellente fourrure, et pour la quantité d'huile qu'on en retire, quand on les chasse, disons-nous, ils se défendent avec un courage admirable. Ils vivent très-longtemps. Les femelles montrent beaucoup d'attachement pour leurs petits ; elles les mènent avec elles à la mer au bout de douze ou quinze jours pour leur apprendre à nager.

Les morses sont plus connus sous le nom de vaches marines. Comme les phoques ils sont amphibies, et ils ont, comme l'éléphant, deux grandes défenses d'ivoire dont les chasseurs se montrent avides. Leur conformation est à peu de chose près celle du phoque, mais ils sont plus grands, mesurant douze et seize pieds de longueur et huit à neuf pieds de tour, tandis que les phoques n'en ont tout au plus que sept à huit. Toutes les habitudes du phoque sont communes aux morses ; ils habitent les mêmes lieux, vont également à terre et dans l'eau, ont la même nourriture, montent de même sur les glaçons et vivent aussi en société ; les femelles allaitent encore de même leurs petits ; seulement le morse ne varie pas autant dans son espèce, et est plus attaché à son climat, car on le trouve rarement ailleurs que dans les mers du Nord.

Le lamantin, à peine quadrupède, car ses jambes de derrière sont nulles, n'est non plus entièrement cétacé ; sa tête est informe, plus grosse que celle du bœuf ; les yeux sont petits ; il a deux mains près de la tête qui lui servent à nager, et il est couvert d'un cuir épais. C'est un animal fort doux. Il remonte les fleuves et mange les herbes du rivage auxquelles il peut atteindre sans sortir de l'eau. On le pêche comme la baleine. Les phoques, les morses, les lamantins vivraient, prétend-on, un siècle si les hommes ne mettaient un constant obstacle à cette durée.

La scie, qu'il ne faut pas confondre avec l'espadon, se distingue par un long museau terminé par une forte lame qui est taillée des deux côtés en dents aiguës et tranchantes ; à l'aide de cette double scie, ce poisson ne craint pas d'attaquer les plus gros cétacés, et souvent il sort vainqueur de ces luttes acharnées. Sa grandeur ordinaire est de quatre ou cinq mètres ; il habite surtout les mers du Nord.

L'esturgeon, dont le corps n'a pas moins de deux à trois mètres de longueur, remonte souvent les grandes rivières, où les pêcheurs étonnés le prennent dans leurs filets ou sur quelque banc de sable où il vient s'échouer. Sa chair est excellente. Ses œufs salés et assaisonnés forment un mets connu sous le nom de *caviar*. Avec sa vessie natatoire on fait la colle de poisson qui sert à clarifier les vins. Dans quelques contrées, sa peau desséchée remplace les vitres.

La morue, dont il se fait une prodigieuse consommation dans toutes les parties du monde, habite les mers du Nord. C'est au banc de Terre-Neuve, dans l'Amérique septentrionale, que toutes les nations envoient de nombreux vaisseaux à la pêche des morues, que l'on rencontre assemblées par milliers, sur une étendue de trois à quatre cents kilomètres. On sait qu'une seule morue pond jusqu'à huit ou neuf millions d'œufs.

Le thon, connu dès l'antiquité, faisait alors une des richesses de la Sardaigne et de la Sicile. Il atteint souvent une longueur de cinq mètres ; il vit en troupes nombreuses, voyage beaucoup et vient en été dans le golfe de Gascogne ; son ventre argenté le fait reconnaître de loin.

Le saumon et la truite, tous deux de la même famille, sont pour le commerce un objet important ; ils quittent souvent la mer et remontent fort avant dans les grands fleuves. La truite du lac de Genève, particulièrement estimée, pèse jusqu'à vingt-cinq kilogrammes.

Un autre poisson dont le commerce fait un énorme débit est le hareng, qui voyage par bandes ou plutôt par myriades, sert de pâture aux baleines et autres monstres marins, paraît quelquefois sans déshonneur sur nos tables, puis enfin, préparé sous le nom de *hareng saur*, alimente à peu de frais les mansardes de l'indigence.

Nommons en courant le maquereau, le merlan, la raie, le surmulet, la sardine, la limande, le carrelet, le congre, la carpe, le brochet même et l'éperlan, tous poissons dont le mérite se borne à fournir à l'homme une nourriture plus ou moins fade, commune et indigeste.

Le barbeau, la perche, la tanche, l'anchois, la sole, le turbot, l'alose, l'anguille d'eau vive, le goujon, sont en meilleure estime auprès des gastronomes.

Dans la Méditerranée on pêche le mulle-rouget, ce poisson si recherché des anciens Romains, qui en nourrissaient dans des viviers, et dont le prix pouvait s'élever à environ 1,500 fr. quand ils étaient d'une grosseur remarquable. La murène, espèce d'anguille de mer, jouissait également de toute la faveur des Romains.

Deux poissons possèdent la singulière faculté d'émettre le fluide électrique, et de causer aux animaux qu'ils redoutent ou dont ils veulent faire leur proie d'assez violentes commotions pour les tuer. L'un est la torpille, qu'on trouve dans la Méditerranée; l'autre est le gymnote électrique, espèce d'anguille, qui habite les eaux douces de l'Amérique méridionale.

La lamproie, de l'ordre des *cyclostomes* ou *suceurs*, se distingue surtout par les sept ouvertures qu'elle a de chaque côté du corps, et par la propriété dont elle est douée de s'attacher fortement par succion aux corps étrangers. Sa chair, aussi savoureuse et plus délicate que celle de l'anguille, est fort recherchée. On trouve la lamproie dans la plupart des mers aussi bien que des eaux douces.

II.—Série des Articulés.

INSECTES.

La classe des insectes est la plus nombreuse du genre animal, et peut-être la plus riche de couleurs et de formes variées.

Renfermé dans d'étroites limites, nous ne ferons qu'indiquer certains genres afin de réserver quelques lignes de plus aux brillants papillons, aux fourmis et aux abeilles.

Dans l'ordre des *coléoptères* on compte la coccinelle, que les enfants nomment *bête à bon Dieu*, le hanneton, la cantharide, le gyrin, le bupreste, le lampyx ou *ver luisant*, les vrillettes, le nécrophore, le cerf-volant, le ténébrion, le charençon et le capricorne.

La sauterelle, le criquet, espèce de sauterelle qui dévaste les jardins, le grillon et la courtilière, appartiennent à l'ordre des *orthoptères*.

Celui des *hémiptères* se fait remarquer par la cochenille, insecte de l'Amérique méridionale qui fournit la belle couleur rouge dont on fait l'écarlate et le carmin. Du même ordre est le fulgore, américain comme le précédent, assez semblable à la cigale, et qui répand la nuit une lumière phosphorescente d'un très-vif éclat.

C'est à l'ordre des *hyménoptères* qu'on rattache les abeilles, ces merveilleuses ouvrières que nous avons décrites ailleurs, et qui sont pour l'homme une véritable richesse. Souvent il arrive qu'un essaim d'abeilles se partage en deux fractions dont l'une va chercher ailleurs quelque demeure convenable, comme le creux d'un arbre séculaire, une fissure de rocher. Il est très-vrai que les abeilles, prévoyant l'hiver, font une réserve de miel destiné à leur nourriture, réserve déposée dans la partie supérieure de la ruche.—Cette prévoyance n'est pas, comme on a pu le croire, dans les mœurs des fourmis, qui passent l'hiver dans un état complet d'engourdissement. Mais il faut admirer l'art avec lequel les fourmis construisent leurs habitations, qu'elles savent rendre impénétrables aux eaux pluviales; distribuée en étages, en compartiments nombreux, leur demeure ou plutôt leur ville souterraine a des avenues habilement ménagées, dont les portes sont gardées pendant le jour et fermées pendant la nuit.

On appelle *lépidoptères* tout ce qui est papillon: les nymphes à ailes dentelées; les danaïdes à ailes rondes; les argus, qui semblent avoir sur leurs ailes diaprées une parcelle du brillant plumage du paon; les chevaliers, les sphinx, les phalènes, les tordeuses, mais surtout et avant tous le *bombyx* ou papillon du ver-à-soie, l'insecte le plus utile que l'on connaisse.

Les mouches, les cousins, les taons, ces bourreaux de nos bêtes de somme, appartiennent à l'ordre des *diptères*.

ARACHNIDES.

Les *arachnides* forment deux ordres en cinq familles. Ce nom d'arachnide a pour type l'araignée proprement dite. Les araignées sont, pour la plupart, carnivores, de petite taille, et ont le corps généralement court et arrondi; à la partie antérieure existent des points luisants qui sont les yeux, au nombre de huit, quelquefois six, quatre ou deux, et il en est qui en sont totalement privées. Une sorte de nid contient les œufs très-nombreux de ces animaux.

Ce qui rend l'araignée curieuse à observer, c'est ce réservoir (deux selon Réaumur) où s'élaborent les fils qu'elle tend pour saisir et dévorer sa proie. Qui ne l'a vue, tantôt au centre de sa toile, tantôt tapie dans l'un des angles, piquer de son dard sa victime ou bien l'enlacer de fils tellement multipliés que l'insecte pris au piége ne présente bientôt plus qu'une masse informe?

Dans les pays chauds, il y a de grandes espèces d'araignées dont la morsure très-venimeuse peut être dangereuse pour l'homme, comme dans les petites espèces une seule piqûre tue une mouche. La tarentule est de ce nombre. C'est une grosse araignée du territoire de Tarente en Italie, d'où lui vient son nom. La musique est le seul remède à son venin. Sitôt que celui qui est mordu a trouvé la modulation qui lui plaît, il remue en cadence d'abord les doigts, les bras, les jambes, puis tout le corps; se lève et se met à danser jusqu'à ce que, les forces lui manquant, aussitôt on le couche. Quand on le croit remis de ce premier exercice, on lui joue le même air, et il recommence à danser. Ce n'est qu'au bout de six à sept jours que rompu, harassé par cet excès de fatigue incessante, il revient à lui comme d'un profond sommeil, sans se souvenir de ce qui s'est passé pendant son accès, pas même de sa danse.

Dans le genre araignée sont encore les faucheurs aux pattes si longues, les acarides et les mites presque microscopiques qu'on trouve sous les pierres, dans la terre, dans l'eau, le fromage, quelques autres dans nos aliments et jusque dans l'intérieur de nos organes.

MYRIAPODES.

Les myriapodes ou mille-pieds ont le corps ovale, et peuvent se rouler en boule : ce sont les *chilognattes* (qui a plusieurs mâchoires : dérivé du grec) ; les gloméris, espèce de cloportes, dont les femelles ont trente-quatre pattes et les mâles trente-deux, et qu'on trouve sous les pierres; dans le bois les *iules*, dont le mâle a trente-neuf paires de pattes, et la femelle soixante-quatre; les scolopendres, du genre *scutigères*, qui ont le dessus du corps couvert de huit plaques en forme de bouclier (comme l'indique le mot tiré du latin *scutiger*, qui porte un bouclier), et les pieds très-longs, qu'ils perdent en partie quand on les saisit. Cette espèce habite les maisons.

CRUSTACÉS.

On appelle animaux de l'ordre des *crustacés* ceux que la nature a pourvus d'une enveloppe dure, mais flexible et divisée par jointures, tels que l'écrevisse, le homard, les crabes ; dans ceux-ci, la tête est soudée avec le thorax, mais chez les crevettes et les cloportes elle est séparée du tronc. Dans ces derniers (les cloportes) le thorax est partagé transversalement en anneaux qui se meuvent les uns sur les autres. En général, quand la tête est soudée avec le thorax, la carapace (l'enveloppe) n'est plus divisée transversalement. Les crabes et les écrevisses sont *décapodes* (à cinq paires de pattes); les cloportes en ont sept. A la première paire de pattes du crabe sont des tenailles ou *pinces*; la dernière se termine en espèce de nageoire et en fait les fonctions, il en est de même pour l'écrevisse, et c'est cette dernière forme qui l'oblige à marcher à reculons. Les écrevisses sont aquatiques ; il y en a d'eau douce, d'autres de mer. Elles se tiennent sous les pierres, se nourrissent de mollusques, de poissons, de chair corrompue, etc. Elles vivent, dit-on, plus de vingt ans ; celles des eaux courantes sont préférables aux autres.

Le homard est beaucoup plus grand que l'écrevisse ; il habite la mer, où on le trouve dans les fentes des rochers.

Les chevrettes ou crevettes, les salicoques, etc., dont la chair est si délicate, habitent nos côtes, d'autres la mer ; mais quelques espèces remontent l'embouchure des rivières à une assez grande distance, et vivent dans l'eau à peine salée.

Les cloportes fréquentent les caves, se cachent sous les grosses pierres, et se nourrissent de matières végétales et animales putréfiées. Les vertus médicinales qu'on leur prêtait ont bien déchu dans l'opinion des médecins.

Les crustacés sont divisés en cinq ordres, comprenant vingt-quatre familles.

ANNÉLIDES.

Les annélides sont cette classe d'animaux qui comprend les vers à sang rouge, et dont le corps est transversalement annelé (formé en anneaux). Leur système nerveux diffère peu de celui des insectes et des autres animaux articulés. L'ouïe et l'odorat sont nuls chez les annélides. Les *hirudinées* ou sangsues médicinales sont appelées *suceuses* dans l'ordre où elles sont comprises. On les pêche dans les étangs, les marais, les fontaines, la vase, où elles s'enfoncent quand le ciel se couvre, et d'où elles montent quand l'orage gronde. Elles sont l'objet d'un commerce étendu dans une grande partie du globe; pendant un temps elles ont détrôné la saignée; mais l'une et les autres ne se font plus aujourd'hui qu'une concurrence raisonnée où chacun trouve son compte, le malade et le médecin.

Les annélides forment quatre ordres divisés en douze familles. Leur description particulière n'apprendrait rien de bien essentiel à connaître touchant leurs diversités, la plupart de même nature.

III.—Série des Mollusques.

Le nom de *mollusques* désigne ces êtres au corps mou, privés de membres, qui se traînent avec effort, ou vivent et meurent sur la place qui les a vus naître. Plusieurs ont des espèces de cornes ou tentacules, qu'ils allongent et raccourcissent à leur gré, et qui servent à prévenir l'animal de la présence des objets voisins. Beaucoup naissent avec une coquille qui croît avec eux. Pour quelques-uns, cette coquille est univalve, c'est-à-dire d'une seule pièce, comme dans le limaçon, l'hélice; chez d'autres elle est double ou bivalve : les huîtres et les moules en offrent l'exemple; d'autres enfin, comme les balanes et les anatifes, sont renfermés dans des coquilles multivalves, c'est-à-dire composées de plus de deux parties.

Les sens de ses animaux sont incomplets; la vue et l'ouïe manquent à la plupart; la bouche seule paraît pour quelques-uns être l'organe du goût ; mais le sens du toucher doit jouir d'une grande sensibilité chez les mollusques, dont la peau se contracte au moindre attouchement. Leur nombre est très considérable; s'il était possible de les étudier plus complétement, peut-être l'observation révélerait-elle bien des secrets curieux et importants.

On a séparé les mollusques en plusieurs ordres, selon leur conformation et leur manière de se mouvoir; nous allons parcourir les espèces les plus intéressantes.

La *sèche*, armée de mâchoires coriaces, fait une grande destruction de poissons et de crabes; elle pond en immense quantité des œufs qui, réunis en grappes, sont connus sous le nom de *raisin de mer*. Sa coquille sert à polir l'ivoire. La *poulpe*, privée de coquille, a des tentacules d'une longueur démesurée qui lui servent à enlacer sa proie. L'*argonaute*, soutenu dans une coquille légère, s'abandonne aux caprices des flots, mais au moindre bruit il s'enfonce dans sa nacelle et coule à fond pour reparaître au premier calme.

Tout le monde connaît la limace, le limaçon, la moule et l'huître. Dans les provinces maritimes on emploie les coquilles d'huîtres comme engrais.

L'*aronde* ou *avicule* est une espèce précieuse, en ce qu'elle produit cette substance limpide, arrondie en globules, qu'on appelle la perle nacrée, qui se pêche surtout dans le golfe Persique et sur les côtes de Ceylan.

Les *ascidies*, attachées aux rochers qui les voient naître, lancent autour d'elles de l'eau pour se défendre. Plusieurs brillent d'une lueur phosphorescente, d'autres étalent leur appendices découpés en forme de branches ou de fleurs. Les *pyrosomes* sont encore des animaux phosphorescents dont les feux resplendissent sur les mers des tropiques au grand étonnement des navigateurs.

Une espèce détrônée est celle des *pourpres*, qui chez les anciens fournissait la matière colorante des plus riches étoffes, et qu'on a remplacée par la cochenille.

IV.—Série des Zoophytes.

Le mot *zoophytes*, dérivé du grec, signifie *animaux-plantes*, et désigne ces êtres à l'état d'ébauche qui semblent former le trait d'union entre le règne végétal et le règne animal. Leur histoire est la partie la plus obscure de la zoologie ; jusqu'ici les moyens ont manqué à l'homme pour étudier avec certitude les voies de cette transition apparente ou réelle. Nous voyons bien les formes, les résultats matériels, mais par quelles combinaisons secrètes la nature passe-t-elle de l'état inerte, insensible, au mouvement, à la vie, c'est là que l'observateur reconnaît son impuissance.

Les zoophytes n'ont pas de tête, pas d'yeux, pas de membres articulés; la plupart n'ont aucun organe propre à la respiration. A l'exception du toucher, qui est fort incomplet, les sens leur manquent également. Les uns sont revêtus d'une peau solide, armée de pointes articulées et mobiles ; les autres ont la forme allongée d'un ver; ceux-ci n'offrent qu'une masse gélatineuse où il n'est pas toujours facile de reconnaître la présence d'un animal; ceux-là enfin ressemblent à une sorte de sac, dont l'orifice est muni de bras ou de tentacules.

Parmi les *échinodermes*, on remarque les astéries ou étoiles de mer, dont le corps aplati est divisé en cinq rayons, au centre desquels se trouve une ouverture destinée à recevoir les aliments. Les oursins sont revêtus d'une croûte calcaire percée d'une infinité de petits trous par où passent les pieds ; cette enveloppe, garnie d'épines ou de piquants, a fait donner à ces animaux le nom de *hérissons* ou *châtaignes de mer*. Plusieurs espèces d'oursins sont bonnes à manger.

Les acalèphes, de forme rayonnée, les méduses, semblables à des champignons, les physalies errantes, dont le contact cause les plus vives démangeaisons, sont des variétés peu importantes.

Mais notre attention s'arrête devant les hydres ou polypes à bras, qui possèdent au plus haut degré la faculté de reproduire les parties de leur corps qu'un accident a détruites. En eux la vitalité n'a pas de siége propre, elle réside partout. Qu'une cause quelconque divise l'animal en plusieurs fractions, bientôt chacune de ces fractions recomposera l'être lui-même, qui, loin d'avoir été détruit, se trouvera ainsi multiplié. — Les hydres sont des animaux microscopiques, qui habitent les eaux douces et surtout les étangs.

Les polypes à polypiers sont enveloppés d'une substance calcaire ou cornée. Groupés ou agglomérés ensemble, ils ne quittent jamais la place qu'ils occupent dans le polypier, habitation variable de forme et de nature suivant les animaux qui les produisent et les accroissent dans des proportions incroyables par la suite de leurs générations. Le corail n'a pas d'autre origine. Ce charmant polypier, qui ressemble à un petit arbre dépouillé de ses feuilles, se rencontre à différentes profondeurs dans la Méditerranée et dans la mer Rouge, mais à quelques brasses seulement il acquiert de plus belles dimensions.

Les madrépores sont aussi des polypiers arborescents; d'autres sont disposés en forme de plumes, de tuyaux, de cellules, et le commerce en tire des objets de luxe ou de curiosité.

Les éponges sont des corps d'une substance molle et poreuse, dus sans doute au travail des animaux qui y sont renfermés, et dont la masse gélatineuse ne présente aucune apparence d'organisation. On pêche l'éponge commune dans la Méditerranée et surtout dans l'Archipel grec.

Différentes parties du corps de l'homme et des animaux sont la demeure de certains vers, assez semblables aux annélides, mais dont l'organisation est plus imparfaite encore. On en trouve dans le cerveau, le foie, les poumons, sous la peau; les os seuls et les cartilages paraissent en être exempts. Souvent de graves désordres résultent de leur présence. Les ascarides, les strongles,

les filaires, les hydatides, appartiennent tous à la grande famille des *entozoaires*, et varient beaucoup de formes et de dimensions. Le plus grand de tous est le ténia ou ver solitaire, qui atteint quelquefois une longueur de sept à huit mètres sur une largeur de trois centimètres.

Il nous reste à jeter un coup d'œil sur les *microzoaires*, animalcules d'une extrême ténuité, dont on n'a pu connaître les formes, la vie et les habitudes qu'avec l'aide de puissants microscopes. On appelle vibrions certaines sortes d'anguilles infiniment petites, qui se développent dans l'eau, le vinaigre, la colle de farine, etc. Le volvace, de forme ronde, habite les eaux croupies; roulant continuellement sur lui-même avec une grande rapidité, il parcourt d'une façon fort curieuse la goutte d'eau qui est son océan.

La monade est un atome presque imperceptible, même avec le secours des meilleurs instruments d'optique; le corps d'une monade, grossi mille fois, passerait facilement par le trou d'une aiguille moyenne. Ce sont des points, des globules minuscules qu'on ne saurait observer sans l'aide du microscope solaire, qui grossit les objets extraordinairement.

La monade ferme la série des zoophytes; jusqu'ici la science humaine n'a pu pénétrer plus loin dans les mystérieuses voies de la matière animée.

BOTANIQUE.

NOTIONS ÉLÉMENTAIRES.

De toutes les parties de l'histoire naturelle la botanique est peut-être celle qui présente à la fois le plus d'objets d'utilité et les agréments les plus variés. L'agriculture, l'économie domestique, les arts, la médecine, sont riches des enseignements puisés dans l'étude du règne végétal.

Comme les animaux dont nous venons de parcourir l'histoire, les végétaux ont des organes propres aux conditions de leur existence ; plongés par leur base dans l'élément qui leur donne la vie, ils s'alimentent, respirent et se meuvent même par le développement de leurs racines et de leurs branches.

La *racine* est cette partie inférieure de la plante qui tire sa nourriture de la terre ou de l'eau qui la recouvre. Sa croissance a toujours lieu en sens inverse de la tige, mais rien n'est plus irrégulier que sa direction.

La racine se compose de trois parties : le *collet*, placé dans les plantes herbacées entre la racine et la tige, et d'où naît celle-ci ; le *corps* de la racine, où de petits vaisseaux longitudinaux vont porter les sucs nourriciers ; les *radicules*, servant à puiser la nutrition de la racine à leur sortie de la graine, nutrition sans laquelle la végétation n'aurait pas lieu. A leurs extrémités ces radicules ont des suçoirs qui, introduits dans le végétal, y portent une liqueur qui est la *séve* coulant dans des tubes poreux nommés vaisseaux *séveux*. La séve est formée d'eau, d'acide carbonique, de matières végétales et animales, de sel et de terre.

Les racines sont *annuelles* (naissant et périssant en un an), ou *bisannuelles* (vivant deux ans), ou *vivaces* (d'une durée indéterminée). Les racines tubéreuses sont des corps solides, épais et tuberculeux d'où naissent de petites racines granulées, égalant bientôt en volume la racine principale; on les appelle *globuleuses*, si elles sont rondes, comme on le voit dans le topinambour et la pomme de terre ; *palmées* ou *digitées*, si elles se divisent en forme de doigts de main ouverte (orchis taché). Elles sont *bulbeuses*, recouvertes de tuniques plus ou moins nombreuses et plus ou moins épaisses (ognon).

Les racines fibreuses sont la partie importante de la racine chargée d'absorber les sucs de la terre, principes constituants de la séve; elles sont *rameuses*, si elles se divisent en plusieurs branches latérales; *fusiformes*, imitant la forme d'un fuseau (la carotte); *pivotantes*, profondément enfoncées en terre dans une position verticale; *tronquées*, non terminées en pointe; *articulées*, quand elles ont plusieurs nœuds; *traçantes*, si elles s'étendent horizontalement.

Les racines ont une très-grande force; on en voit qui traversent des murs, d'autres s'introduisent dans les fissures des rochers et les font éclater.

La *tige* est le deuxième support du végétal; elle tend vers le ciel; elle est presque toujours cylindrique et de consistance ligneuse ou herbacée; elle est *droite* ou verticale communément, c'est-à-dire formant un angle droit avec la surface du sol, comme on le voit dans le sapin, le platane, le chêne, etc.; *couchée*, lorsqu'elle est appliquée à la surface de la terre; *rampante*, quand elle est tout à fait couchée sur la terre et qu'elle produit de petites racines; *traçante*, lorsque, outre des racines, elle pousse des jets produisant des fleurs (le fraisier, la violette, etc.); *réclinée*, si elle se recourbe en arc depuis la base jusqu'au sommet (la pervenche, etc.); *tombante*, lorsque, d'abord perpendiculaire par la base, elle retombe par suite de sa faiblesse; *montante*, lorsque, couchée à sa partie inférieure, elle s'élève ensuite verticalement; *penchée*, quand le sommet seul penche vers la terre, comme dans la verge d'or; *flexueuse*, lorsqu'elle se déjette en formant des zigzags; *radicante*, si elle s'attache aux corps élevés au moyen de la racine; *grimpante*, si elle est sarmenteuse et s'attache aux corps voisins par des vrilles, ainsi que le fait la vigne, la clématite, le lierre, le pois, etc.; *entortillée* ou *volubile* quand elle grimpe, s'entortille autour des corps à sa portée, comme dans le haricot, le houblon, le liseron.

La *tige* est *simple* quand elle n'a point de branches, comme le lis; *rameuse*, quand elle en est pourvue; *bifurquée*, quand elle n'a que deux rameaux; *dichotome*, si la bifurcation se fait d'une manière égale, comme la mâche; *prolifère*, si elle ne pousse de rameaux que du sommet, comme dans le pin et le sapin.

On appelle rameaux *alternes* ceux qui naissent de divers points de la tige, mais dans un sens opposé, comme l'orme et le tilleul; *opposés*, quand ils sortent de deux points en opposition, comme dans l'érable et le marronnier; *verticillés*, si, nés d'un centre commun, ils s'étendent en forme de rayons, comme dans le pin, le sapin et le mélèse; *divergents*, s'ils s'écartent du tronc en formant un angle très-grand; *épars*, s'ils poussent de tous les points de la tige, comme dans le pommier; *ramassés*, quand ils sont réunis en très-grand nombre, comme dans l'oranger, le genêt d'Espagne; *serrés*, quand ils sont en pyramide, comme le cyprès; *penchés*, lorsqu'ils s'inclinent vers la terre, comme le tournesol des jardins; *pendants*, comme le saule pleureur, le bouleau; *étalés*, quand ils sont écartés les uns des autres, comme dans l'asperge.

La tige ligneuse appartient exclusivement aux arbres; elle se compose d'un épiderme, de couches corticales, de tissu cellulaire, de couches ligneuses et de moelle.

L'*épiderme* est cette membrane mince, délicate qui revêt toutes les parties des végétaux; sa couleur varie suivant l'espèce d'arbre, son âge, la saison, le climat. Dans certains arbres, il se renouvelle tous les ans, dans le groseiller, l'if et le platane. Le temps le détruit.

Le *tissu cellulaire* est une membrane verte, d'un tissu mou et spongieux, qui transmet la sève aux bourgeons et enveloppe toute la surface de la plante depuis la racine jusqu'aux feuilles.

Les *couches corticales* sont les lames appliquées les unes sur les autres ; il s'en forme une par an. Son point de contact est entre la première couche de l'*aubier* (corps mou, blanchâtre, entre l'écorce et le corps de l'arbre) et les couches corticales. Celles-ci sont divisées en *liber*, à cause de sa ressemblance avec les feuillets d'un livre. Le liber est la partie de l'écorce appliquée sur l'aubier. L'*écorce* est placée intermédiairement au-dessous du tissu cellulaire et sur le bois ; les couches ligneuses sont toutes concentriques si la séve est distribuée également, sinon elles sont excentriques. La *moelle* est une substance vasculeuse qui occupe le centre du corps ligneux. Sa couleur est blanche ; elle est placée au centre du canal médullaire. Sa structure membraneuse se compose de cellules circulaires à son extrémité, ou bien hexagones vers le centre.

Les *feuilles* sont une division de la tige ; elles sont les organes essentiels à la respiration des plantes ; en elles s'élabore le suc nutritif ; elles sont ou plissées ou roulées, ou appliquées les unes contre les autres ; la queue ou pédicule qui les attache à la planche prend le nom de *pétiole*, tantôt simple, divisé, dilaté, cylindrique, canaliculé, épineux, droit, recourbé, etc., etc.

Par leur insertion elles sont *radicales*, partant directement des racines ; *caulinaires*, quand elles tiennent à la tige, et *raméales* quand elles sont attachées aux rameaux par leur position ; *alternes*, quand elles montent les unes après les autres, comme dans le peuplier, le platane, etc., etc. ; *opposées*, placées par paires vis-à-vis les unes des autres ; *verticillées*, disposées en anneaux autour de la tige, comme dans la garance, le caille-lait ; *combinées*, si elles sont rapprochées deux à deux ; *éparses*, quand elles sont disposées çà et là, et alternativement autour de la tige ou des rameaux ; *imbriquées*, disposées de sorte que les unes recouvrent la moitié des autres ; *fasciculées*, partant d'un même point pour se réunir en faisceau, comme le mélèse.

Les *stipules* sont de petites productions membraneuses ou écailleuses qui accompagnent la base du pétiole. Elles sont, comme les feuilles, caulinaires, pétiolées, simples, etc., etc.

Le *réceptacle* est la partie de la fleur qui termine le pédoncule et devient son support. Le *calice* est le prolongement de l'écorce et sert d'enveloppe externe à la fleur et au fruit ; c'est la coupe où viennent boire l'abeille, se poser le papillon, le léger oiseau, le frêlon aussi, ce parasite qui consomme sans rien produire. Le calice enveloppe la *corolle*. Celle-ci est la deuxième enveloppe de la fleur, et enveloppe de même les organes générateurs. C'est la partie de la fleur la plus apparente et ordinairement la plus brillante. Plus mince qu'aucune des parties de la plante, elle est aussi d'un tissu plus délicat.

Les *pétales* sont les parties dont se compose la corolle. Les *nectaires* sont de petits appendices qui sécrètent une liqueur particulière.

Les *étamines* sont les organes mâles de la fleur. Elles se composent d'un filet qui s'élève du centre de la fleur.

L'*anthère* est une petite bourse divisée en deux loges, qui contient une poussière jaune, ou violette, ou rouge, ou blanchâtre, nommée *pollen*. Parvenue à maturité, l'anthère s'ouvre ou se déchire par le côté, ou de haut en bas, et répand sur le pistil sa poussière fécondante.

Le *pistil* est l'organe femelle de la fleur et se montre au milieu du calice, de la corolle et des étamines. Il se compose de trois parties : le style, le stigmate et l'ovaire. Le *style* garni de plusieurs fibres transmet du stigmate à l'ovaire le fluide reproducteur.

Le *stigmate* reçoit et retient le pollen envoyé par les anthères, et le transmet à l'ovaire.

L'*ovaire*, placé au-dessous du pistil, est d'une forme renflée ; le pollen fait éclore dans son intérieur les premiers germes des grains ; c'est l'ovaire qui en grossissant devient fruit.

L'épanouissement des fleurs est produit par les mêmes

causes qui président au développement des feuilles; mais elles suivent un ordre inverse. Il y en a qui après l'épanouissement se ferment pour ne plus se rouvrir, par exemple les cistes; d'autres qui s'ouvrent et se ferment à des heures fixes; d'autres pour s'épanouir suivent la marche du soleil, et ne s'ouvrent qu'à midi. C'est d'après ces diverses floraisons que le célèbre naturaliste Linné avait imaginé sa curieuse *horloge des fleurs.*

Par le mot *fruit* on entend la fécondation de l'ovaire. Le fruit composé d'un seul ovaire est simple, comme la pêche, et multiple quand il est composé de plusieurs (la framboise). Deux parties forment le fruit : le péricarpe et la graine.

Le *péricarpe* est l'enveloppe extérieure du fruit et renferme la graine. Celle-ci contient tous les rudiments de la plante. Les graines déposées en terre s'humectent, se gonflent, se dilatent par l'humidité; la chaleur anime l'embryon, vivifié bientôt par l'oxygène de l'air. Alors les enveloppes séminales se déchirent; les *cotylédons*[1] livrent passage à la radicule qui s'enfonce dans la terre, tandis que la *plumule*[2] se redresse, s'allonge et les entraîne avec elle; les *folioles*[3] se développent, et la plante est née. On sait que la fécondité de certaines plantes est merveilleuse : on a calculé qu'une seule semence de pavot pourrait, à sa cinquième génération, couvrir toute la surface de la terre.

[1] Corps charnus dans la plupart des substances sur le point de germer.

[2] C'est le rudiment de la tige et des rameaux.

[3] Petites feuilles dont une feuille est composée.

FIN.

TABLE.

Pages.

ZOOLOGIE.

BOTANIQUE.

Imprimerie Bonaventure et Ducessois, 55, quai des Augustins.

www.ingramcontent.com/pod-product-compliance
Ingram Content Group UK Ltd.
Pitfield, Milton Keynes, MK11 3LW, UK
UKHW020426230726
13925UKWH00004B/1625

9 782013 575300